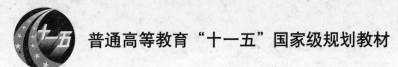

普通高等教育"十一五"国家级规划教材

谭浩强 主编

高职高专计算机教学改革**新体系**规划教材

Java 2
高级程序设计

邵丽萍 张后扬 张驰 编著

清华大学出版社

北京

内 容 简 介

Java 是近年来十分流行的程序设计语言，又是一门通用的网络编程语言，在 Internet 上有着广泛的应用。本书是针对《Java 2 程序设计基础》(ISBN 978-7-302-17609-1)教材编写的配套教材，内容更深入，主要包括：输入/输出(I/O)流类、图形用户界面设计、Java 的多线程机制、使用多线程技术制作动画、多媒体处理、数据库访问技术、Java 程序综合应用实例、Java 服务网页——JSP 以及使用 JSP 访问数据库的技术等内容。

本书言简意赅、实例具体、图文并茂，从提出问题开始，针对提出的问题通过具体实例给出具体解题方案，在此基础上归纳指出知识点，应用性和操作性强。不仅适合学习过《Java 2 程序设计基础》教材的读者使用，也适合有一定 Java 程序语言基础的读者自学。本书可作为高等院校、高职高专或计算机培训班的教材使用。

图书在版编目(CIP)数据

Java 2 高级程序设计/邵丽萍，张后杨，张弛编著. —北京：清华大学出版社，2011.3
(高职高专计算机教学改革新体系规划教材)
ISBN 978-7-302-24690-9

Ⅰ. ①J…　Ⅱ. ①邵…　②张…　③张…　Ⅲ. ①JAVA 语言－程序设计－高等学校：技术学校－教材　Ⅳ. ①TP312

中国版本图书馆 CIP 数据核字(2011)第 013743 号

责任编辑：张　景　刘翰鹏
责任校对：袁　芳
责任印制：孟凡玉
出版发行：清华大学出版社　　　　　　　　　地　　　址：北京清华大学学研大厦 A 座
　　　　　http://www.tup.com.cn　　　　　　邮　　　编：100084
　　　社　　总　　机：010-62770175　　　　邮　　购：010-62786544
　　　投稿与读者服务：010-62776969，c-service@tup.tsinghua.edu.cn
　　　质　量　反　馈：010-62772015，zhiliang@tup.tsinghua.edu.cn
印　装　者：北京鑫海金澳胶印有限公司
经　　销：全国新华书店
开　　本：185×260　印　张：18　字　数：409 千字
版　　次：2011 年 3 月第 1 版　　印　　次：2011 年 3 月第 1 次印刷
印　　数：1～3000
定　　价：29.00 元

产品编号：033660-01

近年来,我国高等职业教育迅猛发展,目前,高等职业院校已占全国高等学校半数以上,高职学生数已超过全国大学生的半数。高职教育已占了我国高等教育的"半壁江山"。发展高职教育,培养大量技术型和技能型人才,是国民经济发展的迫切需要,是高等教育大众化的要求,是促进社会就业的有效措施,也是国际上教育发展的趋势。

　　高等职业教育是我国高等教育的重要组成部分,高职教育的质量直接影响了全国高等教育的质量。办好高职教育,提高高职教育的质量已成为我国教育事业中的一件大事,已引起了全社会的关注。

　　为了更好地发展高职教育,首先应当建立起对高职教育的正确理念。

　　高职教育是不同于普通高等教育的一种教育类型。它的培养目标、教学理念、课程体系、教学内容和教学方法都与传统的本科教育有很大的不同。高职教育不是通才教育,而是按照职业的需要,进行有针对性培养的教育,是以就业为导向,以职业岗位要求为依据的教育。高职教育是直接面向市场、服务产业、促进就业的教育,是高等教育体系中与经济社会发展联系最密切的部分。

　　在高职教育中要牢固树立"人才职业化"的思想,要最大限度地满足职业的要求。衡量高职学生质量的标准,不是看学了多少理论知识,而是看会做什么,能否满足职业岗位的要求。本科教育是以知识为本位,而高职教育是以能力为本位的。

　　强调以能力为本位,并不是不要学习理论知识,能力是以知识为支撑的,问题是学什么理论知识和怎样学习理论知识。有两种学习理论知识的模式:一种是"建筑"模式,即"金字塔"模式,先系统学习理论知识,打下宽厚的理论基础,以后再结合专业应用;另一种是"生物"模式,如同植物的根部、树干和树冠是同步生长的一样,随着应用的开展,结合应用学习必要的理论知识。对于高职教育来说,不应该采用"金字塔"模式,而应当采用"生物"模式。

　　可以比较一下以知识为本位的学科教育和以能力为本位的高职教育在教学各个方面的不同。知识本位着重学习一般科学技术知识;注重的是系统的理论知识,讲求的是理论的系统性和严密性;学习要求是"了解、理解、掌握";构建课程体系时采用"建筑"模式;教学方法采用"提出概念—解释概念—举例说明"的传统三部曲;注重培养抽象思维能力。而能力本位着重学习工作过程知识;注重的是实际的工作能力,讲求的是应用的熟练性;学习要求是"能干什么,达到什么熟练程度";构建课程体系时采用"生物"模式;教学方法采用"提出问题—解决问题—归纳分析"的新三部曲;常使用形象思维方法。

近年来,国内教育界对高职教育从理论到实践开展了深入的研究,引进了发达国家职业教育的理念和行之有效的做法,许多高职院校从多年的实践中总结了成功的经验,有力地推动了我国的高职教育。再经过一段时期的研究与探索,会逐步形成具有中国特色的完善的高职教育体系。

全国高校计算机基础教育研究会于 2007 年 7 月发布了《中国高职院校计算机教育课程体系 2007》(简称《CVC 2007》),系统阐述了高职教育的指导思想,深入分析了我国高职教育的现状和存在的问题,明确提出了构建高职计算机课程体系的方法,具体提供了各类专业进行计算机教育的课程体系参考方案,并深刻指出了为了更好地开展高职计算机教育应当解决好的一些问题。《CVC 2007》是一个指导我国高职计算机教育的重要的指导性文件,建议从事高职计算机教育的教师认真学习。

《CVC 2007》提出了高职计算机教育的基本理念是:面向职业需要、强化实践环节、变革培养方式、采用多种模式、启发自主学习、培养创新精神、树立团队意识。这是完全正确的。

教材是培养目标和教学思想的具体体现。要实现高职的教学目标,必须有一批符合高职特点的教材。高职教材与传统的本科教育的教材有很大的不同,传统的教材是先理论后实际,先抽象后具体,先一般后个别,而高职教材则应是从实际到理论,从具体到抽象,从个别到一般。教材应当体现职业岗位的要求,紧密结合生产实际,着眼于培养应用计算机的实际能力。要引导学生多实践,通过"做"而不是通过"听"来学习。

评价高职教材的标准不是愈深愈好、愈全愈好,而是看它是否符合高职特点,是否有利于实现高职的培养目标。好的教材应当是"定位准确,内容先进,取舍合理,体系得当,风格优良"。

教材建设应当提倡百花齐放,推陈出新。我国高职院校为数众多,情况各异。地域不同、基础不同、条件不同、师资不同、要求不同,显然不能一刀切,用一个大纲、一种教材包打天下。应该针对不同的情况,组织编写出不同的教材,供各校选用。能有效提高教学质量的就是好教材。同时应当看到,高职计算机教育发展很快,新的经验层出不穷,需要加强交流,推陈出新。

从 20 世纪 90 年代开始,我们开始注意研究高职教育,并在 1999 年组织编写了一套"高职高专计算机教育系列教材",由清华大学出版社出版,这是在国内最早出版的高职教材之一。在国内产生很大的影响,被许多高职院校采用为教材,有力地推动了蓬勃兴起的高职教育,后来该丛书扩展为"高等院校计算机应用技术规划教材",除了高职院校采用之外,还被许多应用型本科院校使用。几年来已经累计发行近 300 万册,被教育部确定为"普通高等教育'十一五'国家级规划教材"。

根据高职教育发展的新形势,我们于 2005 年开始策划,在原有基础上重新组织编写一套全新的高职教材——"高职高专计算机教学改革新体系规划教材",经过两年的研讨和编写,于 2007 年正式由清华大学出版社出版。这套教材遵循高职教育的特点,不是根据学科的原则确定课程体系,而是根据实际应用的需要组织课程;书名不是按照学科的角度来确定的，而是体现应用的特点；写法上不是从理论入手，而是从实际问题入手，提出问题、解决问题、归纳分析、循序渐进、深入浅出、易于学习、有利于培养应用能力。丛书的作者大都是多年从事高职院校计算机教育的教师，他们对高职教育有较深入的研究，对高职计算机教育有丰富的经验，所写的教材针对性强，适用性广，符合当前大多数高职院校的实际需要。这套教材经教育部审查，已列入"普通高等教育'十一五'国家级规划教材"。

本套教材统一规划，分工编写，陆续出版，逐步完善。随着高职教育的发展将会不断更新，与时俱进。恳切希望广大师生在使用中发现本丛书不足之处，并不吝指正，以便我们及时修改完善，更好地满足高职教学的需要。

全国高校计算机基础教育研究会 会长
"高职高专计算机教学改革新体系规划教材"主编　　谭浩强

前言

Java 是目前推广速度最快的程序设计语言,它采用面向对象编程技术,功能强大而又简单易学,深受广大程序设计人员的偏爱。Java 伴随着互联网问世,随着互联网的发展而成熟。Java 是精心设计的语言,它具有简单性、面向对象性、平台无关性、安全性和健壮性等诸多特点,内置了多线程和网络支持能力,可以说它是网络世界的通用语言。为了迎接信息时代的挑战,学习和掌握 Java 语言无疑会带来更多的机遇。

本书具有简单易学、理论和实例相结合的特点,可以使读者很容易地接受 Java 语言的概念和设计方法,很快地编写出合格的面向对象程序来解决一些简单的实际问题。一些抽象的很难理解的内容,如类、对象、继承、多态、异常、多线程等,在本书中都通过通俗易懂的方式进行了简化。使用本书学习,读者将会发现 Java 语言不难掌握。书中所有的程序都可上机运行,便于读者通过实际上机运行来体会 Java 的原理、Java 的功能与作用。

作为一本教材,本书在《Java 2 程序设计基础》教材的基础上对如何介绍 Java 高级程序设计的内容做了精心的规划,在各个章节内穿插使用了 Java 常用类库和方法,以复习巩固基础内容,在章节安排上尽可能做到由浅到深、由简到繁、循序渐进。在内容的编排上体现了新的计算机教学思想和方法,以"提出问题→解决问题的方法→归纳必要的结论和概念"的方式介绍 Java 编程思路,通过大量的实例和插图,使读者尽可能快地熟悉基本概念和掌握基本编程方法。

本书主要特色:

(1) 通俗易懂、图文并茂

本书都是通过具体的例子来介绍有关 Java 语言的概念、方法和技术,每章都有大量完整的例子,用来说明使用 Java 语言编程的基本步骤和基本方法,并有图片配合说明,通俗易懂。读者完全可以按书中介绍的方法完成每个例子,通过实例理解 Java 语言的基本思想和编程技巧。

(2) 内容完整、结构清晰

本书从介绍输入/输出(I/O)流类开始,重点介绍了如何创建图形用户界面,详细介绍了 Java 的多线程机制,系统介绍了数据库访问技术,在此基础上给出 Java 综合应用实例以巩固提升所学内容。在最后两章给出了 Java 在 Web 网络方面新的应用,介绍了 Java 服务网页——JSP 的技术,并给出了具体应用实例,使 Java 与数据库技术的联系更广泛、更简单、更实用。

（3）循序渐进、逐步深入

本书对整个内容作了精心设计和安排，首先介绍 Java 语言图形用户界面的编程模式，再介绍 Java 服务网页——JSP 的技术，循序渐进，先易后难，逐步深入，通过综合应用实例巩固前面介绍的内容。

（4）内容具体、便于操作

在使用本书学习时，可结合具体的实例，上机实践，按照书中介绍的例子，在短时间内使用 Java 语言设计图形用户界面系统或使用 JSP 创建动态网页与网站。

本书主要内容：

第 1 章是输入/输出（I/O）流类，介绍 Java 语言处理输入/输出（I/O）的方式，如何通过流处理与存储不同类型的数据，如何通过流将数据从一个地方送到另外一个地方。

第 2 章和第 3 章是图形用户界面，介绍如何利用 Java 的容器与组件进行图形用户界面设计，编写方便用户使用的窗口与界面，开发常见的软件系统。还介绍了使用 Swing 组件创建表格、树形菜单、选项卡面板等高级组件的方法。

第 4 章是 Java 的多线程机制，介绍如何通过 Java 的多线程机制更好地利用 CPU 的资源，使应用程序在相同的一段时间内同时做多件事情。并介绍了使用多线程技术创建美妙动画的具体方法。

第 5 章是数据库访问，帮助读者了解如何使用 Java 程序对数据库进行操作，并概要介绍 SQL 语句以及使用 Access 数据库保存数据的方法。

第 6 章是 Java 的一些综合应用实例，这些具体的应用实例综合体现了前面各章的编程思想和基本技术，对读者学习起到承上启下的作用，通过练习可掌握一些解决实际问题的 Java 编程技巧。

第 7 章是 Java 服务网页——JSP，介绍了 JSP 的基本语法、JSP 的几个重要内置对象的属性和方法，介绍了如何使用 JSP 开发 Web 应用开发程序，使这些程序能够与各种 Web 服务器、浏览器和开发工具共同工作。

第 8 章是通过 JSP 访问数据库，介绍了 JSP 如何与 Access 数据库进行连接，如何在客户端对服务器端的数据库内容进行搜索、查询、编辑、删除等操作。并给出了两个综合应用程序——密码表维护应用程序与客户留言系统应用程序。

本书有教师配套使用的电子课件，还有书中实例的源代码，需要的读者可登录清华大学出版社网站（http://www.tup.com.cn）免费下载。

本书由邵丽萍编写第 1、2、3 章，张后扬编写第 4、5 章，张驰编写第 6 章，郭彦涛编写第 7 章，杨丽编写第 8 章和附录。全书由邵丽萍统稿。

作　者

2009 年 12 月

目录

第 1 章

输入/输出（I/O）流类

流是 Java 语言中处理输入/输出(I/O)的方式,通过流可以更加方便快捷地处理与存储不同类型的数据。由于文件是计算机用来保存大量数据域信息的地方,文件保存的数据对应不同的数据类型,因此,Java 提供了不同的流类来读取文件的内容或是向文件写入数据。通过流,可以将数据从一个地方送到另外一个地方。

通过本章的学习,能够掌握:

- ✓ 流的作用与使用流的基本步骤
- ✓ 标准输入与输出的方法
- ✓ 文件流的使用方法
- ✓ 缓冲流的使用方法
- ✓ 数据流的使用方法
- ✓ 对象流的使用方法

1.1 流的基本概念

本节的任务是了解流的概念、特点与用途。

1.1.1 什么是流

1. 问题的提出

数据是指一组有顺序的、有起点和终点的字节集合,数据可以通过不同的格式而存在,如字符串、图像、声音或对象等。使用数据时,提供数据的地方称为数据的发送者,使用数据的地方称为数据的接收者,它们可以是一个程序、一个文件、磁盘、内存、另一个程序或是网络。

在使用程序进行某种计算时,可能需要使用保存在其他位置的文件中的一组数据,如何才能得到这个文件中的数据呢? 在使用程序进行某种计算时,也可能需要把计算的结果保存在其他位置的某个文件中,怎么实现这种异地数据的传递任务呢?

Java 使用**流**解决数据发送者(数据源)与数据接收者(目的地)之间数据的传递任务。

2. 流(Stream)

流是一个很形象的概念,当程序需要读取数据的时候,可以打开一个通向数据源的流,这个数据源可以是文件、内存或是网络连接。类似的,当程序需要写入数据的时候,可以打开一个通向目的地的流。这时可以想象数据好像在流(Stream)中"流"动一样,如图 1.1 所示。

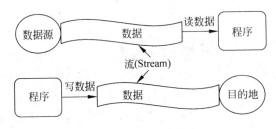

图 1.1 作为通道的流

通过图 1.1 可以看出,流是传递数据的载体,是数据所经历的路径。通过流,程序可以把数据从一个地方带到另一个地方,流可以视为程序在数据发送者和数据接收者之间建立的数据通道。

流的处理过程分为:打开流、读取或写入流、关闭流。如同水龙头一样,需要水时,打开水龙头流水,水流够了,再关闭水龙头。

流的设计使 Java 程序在处理不同 I/O 设备时非常方便。Java 程序不直接操纵 I/O 设备,而是在程序和设备之间加入了一个介质流。采用流的目的就是使程序的输入输出操作独立于具体设备,程序一旦建立了流,就可以不用理会起点或终点是何种设备,而只关心使用的流。

1.1.2　输入流与输出流

1. 输入流与输出流的分工

建立流,实际上就是建立了一个数据传输通道,将数据起点和终点连接起来。例如,可以在程序和文件之间建立一个流。如果要从文件中读数据,则文件是起点,程序是终点;如果要将数据写入文件,则刚好相反。

可见,流可分为输入流和输出流。输入流指将数据从数据源传递给程序,输出流指将数据从程序送到数据接收者,如内存或文件。输入流只能读,不能写;而输出流只能写,不能读。输入流可从键盘或文件获得数据,输出流可向显示器屏幕、打印机或文件中传输数据。

2. java.io 包中的输入流与输出流类

Java 在 java.io 包中专门声明了用于读写操作的面向字节的输入流类 InputStream (抽象类)与输出流类 OutputStream(抽象类),还有面向字符的输入流类 Reader(抽象类)与输出流类 Writer(抽象类)。

java.io 包中有许多输入流类与输出流类,所有面向字节的输入流类都是输入类 InputStream 的子类,所有面向字节的输出流类都是输出类 OutputStream 的子类。例如,InputStream 包含文件输入流类 FileInputStream,OutputStream 包含对象输出流类 ObjectOutputStream。

所有面向字符的输入流类都是输入类 Reader 的子类,所有面向字符的输出流类都是输出类 Writer 的子类。例如,Reader 包含文件输入流类 FileReader,Writer 包含对象文件输出流类 FileWriter。

面向字节的流在处理二进制文件时使用。面向字符的流在处理用 ASCII 字符集或 Unicode 表示的文本,如在处理纯文本文件、HTML 文件和 Java 源代码文件时使用。

只要在程序开头加上语句:import java.io.*,即可使用其中输入流类与输出流类的各种 I/O 方法。

1.1.3　缓冲流

对流的每次操作都是以字节为单位进行,即可以向输入流或输出流中读取或写入一个字节,显然这样的数据传输效率很低。为了提高数据传输效率,Java 还设计了缓冲流 (buffered stream),它可以为一个流配备一个缓冲区(buffer),一个缓冲区就是专门用于存储数据的一块内存。例如:

当向一个缓冲流写入数据时,系统将数据发送到缓冲区,而不是直接发送到外部设备,缓冲区自动记录数据;当缓冲区满时,系统将数据全部发送到相应设备。

当从一个缓冲流读取数据时,系统实际是从缓冲区中读取数据;当缓冲区空时,系统将从相应设备自动读取数据,并读取尽可能多的数据充满缓冲区。

可见,缓冲流可以提高内存与外部设备之间数据传输的效率。

1.2 Java 的标准输入与输出

Java 的标准输入与输出是指在字符方式(如"命令提示符"窗口)下程序与系统进行交互的方式,键盘和显示器屏幕是标准的输入和输出设备,数据输入的起点为键盘,数据输出的终点是屏幕,输出的数据可以在屏幕上显示出来。

本节的任务是掌握 System 类的静态变量 in 与 out 进行标准输入与输出的方法。

1.2.1 System 类的 in 与 out 变量

标准输入输出的功能是通过 Java 的 System 系统类实现的。System 类在 java. lang 包中,是一个最终类,可以在程序中直接调用它们。

System 类是一个特殊类,它是一个公共最终类,不能被继承,也不能被实例化,即不能创建 System 类的对象。

System 类保存有 3 个静态变量:标准输入变量 in、标准输出变量 out 和 Java 运行时的错误输出变量 err。因为 System 类中所有的变量和方法都是静态的,所以使用时要以 System 作为前缀,即形如:"System. 变量名"和"System. 方法名"。

1.2.2 标准输入与输出实例

1. 问题的提出

如何将键盘上输入的数据传递到程序中,然后通过程序将输入的数据在计算机屏幕上显示出来呢?

2. 解题方案

下面通过实例 1.1 说明如何通过 System. in 变量将键盘上的输入传递到程序中的数组变量 buffer 中,然后再通过 System. out 变量将数组变量 buffer 中的数据显示到屏幕上。

实例 1.1 从键盘输入字符,在屏幕显示数据。

解题步骤:

(1) 在 EditPlus 主窗口文件编辑区输入如下代码。

```
class I01{
    public static void main(String[ ] args) throws java.io.IOException {
        byte buffer[ ] = new byte[40];
```

```
System.out.println("从键盘输入不超过40个字符,按回车键结束输入: ");
int count = System.in.read(buffer);//读取标准输入流
System.out.println("保存在缓冲区的元素个数为" + count);
System.out.println("输出 buffer 元素值: ");
for (int i = 0;i < count;i ++ ){
System.out.print(" " + buffer[i]);}
System.out.println();
System.out.println("输出 buffer 字符元素: ");
System.out.write(buffer, 0, buffer.length);
    }
}
```

（2）保存新创建的源程序,编译源程序。

（3）打开"命令提示符"窗口运行程序,从键盘输入 6 个字符"abcdef",然后按回车键结束输入,可以看到程序运行结果如图 1.2 所示。

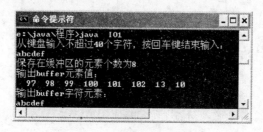

图 1.2　程序运行结果

3. 归纳分析

（1）回车符"\r"

实例 1.1 程序运行时,从键盘输入的是 6 个字符"abcdef",通过 System.in.read(buffer)将键盘输入保存在 buffer 数组中。但保存在 buffer 数组中元素个数为什么是 8 呢？这是因为除了 6 个字符元素,还有回车符"\r"占用了两个元素,元素值为 ASCII 码值。

（2）获取键盘输入的变量与方法

System.in 变量是 InputStream 类的对象,所以,它可以调用 InputStream 类的 read 方法来读取键盘数据。read 方法有如下 3 种格式。

```
public abstract int read()
public int read(byte[ ] b)
public int read(byte[ ] b, int off, int len)
```

例如,System.in.read(buffer)就是通过 public int read(byte[] b)方法将键盘输入保存在 buffer 数组中的。

如果输入流结束,返回 −1。发生 I/O 错时,会抛出 IOException 异常。

需要注意的是,read 方法的返回值为整型数,为实际读入的字节个数。例如 System.in.read(buffer)的返回值为 8。

另外,read 会产生输入异常,要么放在 try...catch 块中执行,要么在 main 方法将异常上交。实例 1.1 就是在声明语句中加入 throws IOException 异常,这样才能通过编译。

(3) 打印输出到屏幕的变量与方法

System.out 是一个 PrintStream 打印流类的对象,它可以实现标准输出,能直接调用 PrintStream 的 print、println 或 write 方法来打印输出各种类型的数据。

print 和 println 方法的参数完全一样,不同之处在于 println 输出后换行而 print 不换行。在实例 1.1 中,多次使用了 System.out.println 方法输出数据。

标准输出方法和标准输入方法不同,它们不产生输出异常。另外,在输出的过程中,所有数据都按照系统字符集编码转换成字节。

write 方法用来输出字节数组,在输出时不换行。注意 write 方法在输出单个字节时,不能立即显示出来,必须调用 flush 方法或 close 方法强制回显。

在实例 1.1 中,使用 write 方法直接输出了字节数组 buffer 的内容。如果使用 println 方法,可先将字节数组的内容转换为字符串,否则不能正常显示。

1.3 输入/输出流应用

本节的任务是掌握文件输入/输出流类的使用方法。

1.3.1 面向字符的文件输入/输出流

1. 问题的提出

有时需要将计算机中某个文件的内容读取出来并将其显示在屏幕上,然后将它们再保存在指定文件中,通过 Java 程序如何实现呢?

2. 解题方案

下面通过编写一个简单的 Java 程序来介绍如何通过文件输入流 FileReader 读取 Hello.java 文件中的内容到缓冲流 BufferedReader 中,并将内容显示在屏幕上,最后通过文件输出流 FileWriter 将显示内容保存到指定的 Hello.txt 文件中。

实例 1.2 本程序可以将保存在计算机中的字符型文件传送到程序指定的缓冲变量中,并在屏幕上显示出文件内容,最后将显示内容保存到指定文件。

解题步骤:

(1) 在 EditPlus 主窗口文件编辑区输入如下代码。

```java
public class Hello {
    public static void main(String args[]) {
        System.out.println("欢迎你学习 Java 语言!");
    }
}
```

将该文件保存在当前文件夹中,名称为 Hello.java。

（2）在 EditPlus 主窗口文件编辑区输入如下代码。

```java
import java.io. * ;
public class IO2 {
  public static void main(String[ ] args) throws IOException {
    FileReader in = new FileReader("Hello.java");        //建立文件输入流
    BufferedReader bin = new BufferedReader(in);         //建立缓冲输入流
    FileWriter out = new FileWriter("Hello.txt",true);   //建立文件输出流
    String str;
      while ((str = bin.readLine())! = null) {
          System.out.println(str);
          out.write(str + "\n");
      }
    in.close();
    out.close();
  }
}
```

将该文件保存在当前文件夹中，名称为 IO2.java。

（3）编译后运行程序，可以看到运行结果如图 1.3 所示。打开保存文件夹，如图 1.4 所示可以看到其中包含一个 Hello.txt 文件。

```
---------- 运行 ----------
public class Hello {
    public static void main(String args[]) {
        System.out.println("欢迎你学习Java语言！");
    }
}
```

图 1.3　文件流使用结果

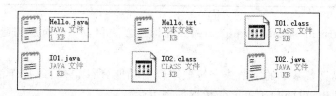

图 1.4　自动生成的文件

3. 归纳总结

（1）程序说明

这个程序非常简单，首先建立了文件输入流 FileReader 对象 in、缓冲输入流 BufferedReader 对象 bin 和文件输出流 FileWriter 对象 out，在 out 的构造方法 "FileWriter("Hello.txt",true)"中，指定参数 true 可以将数据保存在文件尾部。

程序执行时，通过文件输入流对象 in 读取"Hello.java"文件中的数据内容，通过 BufferedReader 对象 bin 调用 readLine 方法将 in 读取数据保存在缓冲区内；接着在屏幕上显示读取的内容，使用一个循环从 bin 缓冲区逐行读取数据到字符串 str 中，然后使用标准输出方法 System.out.println 将 str 中的内容显示在屏幕上；然后调用输出流 out 的 write 方法，将 str 中的字符串通过输出流写入文件"Hello.txt"的尾部；最后，关闭输

入流和输出流。

程序运行后可以在屏幕上看到输出的文件内容,还可以在计算机当前路径中看到复制的一个新文件 Hello.txt。

(2) 文件输入/输出流与缓冲流的对象

通过这个例子可以发现,使用文件输入流可以很方便地读取指定文件的内容,也可以方便地将字符内容保存在指定文件中。

缓冲输入流 BufferedReader 的使用也很简单,它还提供了一个 readLine 方法,一次读取一行内容,对于屏幕分行显示或在窗口的文本区分行显示十分有用。

(3) 输入/输出流的使用步骤

通过这个例子可以发现,输入/输出流的使用方法很简单,分为 3 个步骤:建立输入/输出流,进行读写数据工作,关闭输入/输出流。

不管是什么类型的输入/输出流,都具有这 3 个相同的步骤。

(4) 文件输入/输出流的构造方法

文件输入/输出流的构造方法如表 1.1 所示。

表 1.1 文件输入/输出流类的构造方法

名　　称	参 数 说 明
FileReader (String name)	name 为字符对象,可以是文件名,可包含路径
FileReader (File file)	file 是文件类对象,代表一个指定文件
FileReader (FileDescriptor fdobj)	fdobj 代表一个打开的 I/O 设备
FileWriter (String name)	name 为字符对象,可以是文件名,可包含路径
FileWriter (String name, boolean a)	a 取真值,则将数据添加在文件尾部
FileWriter (File file)	file 是文件类对象,代表一个指定文件
FileWriter (FileDescriptor fdobj)	fdobj 代表一个打开的 I/O 设备

FileInputStream 和 FileOutputStream 的构造方法和表 1.1 所述构造方法分别对应,参数完全相同。

文件流类仅具备基本的字节或字符顺序读写功能,所以它们经常作为基本数据源和其他流类配合使用,以便利用更多的数据处理方法。

1.3.2 随机存取文件流 RandomAccessFile

1. 问题的提出

Java 程序可以有选择地读写文件吗? 例如读写文件中的某一行或几行。

Java 的 RandomAccessFile 类可实现这种操作,它能从文件的不同位置读写不同长度的数据,并将字符串数据添加在文件尾部。

2. 解题方案

在下面的实例中创建一个随机存取文件类 RandomAccessFile 的对象 rf,并以读写 rw 方式新建或打开一个 demo.txt 文件;然后将 3 个字符串"First line\n"、"Second line\n"、

"Last line\n"用 3 行保存在 demo.txt 文件中。

实例 1.3　使用 RandomAccessFile 类有选择地读写文件。

解题步骤：

(1) 在 EditPlus 主窗口文件编辑区输入如下代码。

```
import java.io.*;
class IO3 {
  public static void main(String args[]) {
    String str[] = {"First line\n","Second line\n","Last line\n"};
    try {
      RandomAccessFile rf = new RandomAccessFile("demo.txt", "rw");
      System.out.println("\n文件指针位置为："+ rf.getFilePointer());
      System.out.println("文件的长度为："+ rf.length());
      rf.seek(rf.length());
      System.out.println("文件指针现在的位置为："+ rf.getFilePointer());
      for (int i = 0; i<3; i++)
        rf.writeBytes(str[i]); // 将字符串转为字节串添加到文件末尾
      rf.seek(0);
      System.out.println("\n文件现在内容：");
      String s;
      while ((s = rf.readLine())! = null) System.out.println(s);
      rf.close();
    }
    catch (FileNotFoundException fnoe) {}
    catch (IOException ioe) {}
  }
}
```

(2) 编译后运行程序，可以看到运行结果如图 1.5 所示。打开保存文件夹，可以看到其中包含一个 demo.txt 文件。

3. 归纳总结

(1) 创建 RandomAccessFile 对象 rf

程序中创建了一个随机存取文件 RandomAccessFile 对象 rf，并通过其构造方法以读写 rw 方式新建或打开一个名称为 demo.txt 的文本文件。

(2) 指针的控制与使用

RandomAccessFile 对象具有获取当前指针位置(行)的方法 getFilePointer()与控制指针移动的 seek 方法，可用它定位文件指针，例如 rf.seek (rf.length())就将文件指针移到了文件末尾。

```
---------- 运行 ----------
文件指针位置为：0
文件的长度为：0
文件指针现在的位置为：0

文件现在内容：
First line
Second line
Last line
```

图 1.5　随机存取文件流使用结果

(3) 字符串转为字节串的方法

在循环中，3 次调用 writeBytes 方法将字符串转为字节串后添加到文件指针下面。如果调用 writeChars 方法添加字符串，将以 16 位的字符写入，这样文件中每个字符的前面会多出一个空格。字符转换为字节后，只有低 8 位写入文件，不会出现空格。如果字符串中有汉字，则必须使用 writeChars 方法。最后，将指针移到文件头，调用 readLine 方法逐行取出文件内容显示在屏幕上。

（4）RandomAccessFile 对象的特点

从这个例子可看出，随机存取文件类的使用方法，也是先建立文件流通道，打开文件，然后进行读写操作，最后关闭文件通道。只是不分输入流和输出流，这是 RandomAccessFile 对象的一个特点。

RandomAccessFile 对象可以控制文件中指针的移动，确定文件的行。

1.3.3 数据输入/输出流

1. 问题的提出

实例 1.2 和实例 1.3 两个例子是对整个文件中的数据按行的方式进行读写操作的，能不能在文件中按数据进行读写操作呢？

2. 解题方案

使用数据输入流类 DataInputStream 和数据输出流类 DataOutputStream 可以写入或读取任何 Java 类型的数据，不用关心它们的实际长度是多少字节。数据输入/输出流类一般与文件输入流类 FileInputStream 和输出流类 FileOutputStream 一起使用。

在下面的实例中将通过文件流、数据流对 Java 不同类型的数据进行读写操作。

实例 1.4　本程序将整型数据和字符串对象（中文字符）通过数据输出流写到文件中。将文件中的整型数据和字符串对象通过数据输入流读出，并在屏幕上显示文件中的内容。

解题步骤：

（1）在 EditPlus 主窗口文件编辑区输入如下代码。

```java
import java.io.*;
public class IO4{
    public static void main(String arg[]) {
        try {                      //添加方式创建文件输出流
            FileOutputStream fout = new FileOutputStream("IO4.txt",true);
            DataOutputStream dout = new DataOutputStream(fout);
            dout.writeInt(1);
            dout.writeChars("罗马" + "\n");
            dout.writeInt(2);
            dout.writeChars("北京" + "\n");
            dout.close();
        }
        catch (IOException ioe){}

        try {
            FileInputStream fin = new FileInputStream("IO4.txt");
            DataInputStream din = new DataInputStream(fin);
            int i = din.readInt();
            while (i! =-1)     //输入流结束时 i 为 -1
            {
```

```
            System.out.print(i + " ");
            char ch ;
            while ((ch = din.readChar())! = '\n')          //字符串未结束时
                System.out.print(ch);
            System.out.println();
            i = din.readInt();
        }
        din.close();
    }
    catch (IOException ioe){}
  }
}
```

（2）编译后运行程序，可以看到运行结果如图 1.6 所示。打开保存文件夹，可以看到其中包含一个 IO4. txt 文件。

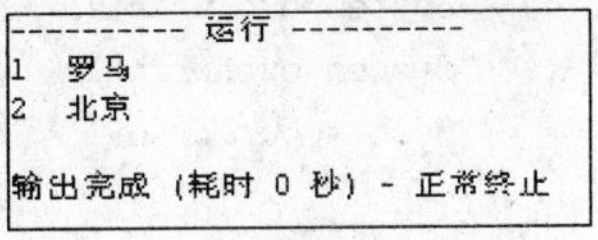

```
---------- 运行 ----------
1  罗马
2  北京

输出完成 (耗时 0 秒) - 正常终止
```

图 1.6　数据流的使用结果

3. 归纳总结

使用数据流对象与使用文件流对象基本相同，但在写数据时有所不同。例如，它使用 writeInt(1)方法写整型数据"1"，使用 writeChars("罗马"＋"\n")方法写字符串数据"罗马"；这样，可以写不同类型的数据。

1.3.4　对象输入/输出流

1. 问题的提出

前面的例子说明可以对一个文件进行读写操作，可以对不同类型的数据进行读写操作，那么能不能对一个对象进行读写操作呢？

2. 解题方案

对象流 ObjectInputStream 与 ObjectOutputStream 可以用于直接读写对象，但是该对象必须实现 Serializable 接口。

在下面的实例中创建了一个实现 Serializable 接口的对象类 Student，在 IO5 类中通过对象流对 Student 对象进行读写操作。

实例 1.5　本程序将定义一个实现了 Serializable 接口的类 Student，然后通过对象输出流的 writeObject()方法将 Student 对象保存到文件 object. txt 中，再通过对象输入流的 readObjcet()方法从文件 object. txt 中读出其保存的 Student 对象。

解题步骤：

（1）在 EditPlus 主窗口文件编辑区输入如下代码。

```
import java.io. * ;
public class IO5
{
 public static void main(String[] args)
  {
```

```java
try
{
Student cus = new Student("王红","1234","p666",19);
 //写对象到文件中
 FileOutputStream fo = new FileOutputStream("object.txt");
 ObjectOutputStream objectOut = new ObjectOutputStream(fo);
 objectOut.writeObject(cus);
 objectOut.close();
 //读保存的对象
 FileInputStream fi = new FileInputStream("object.txt");
 ObjectInputStream objectIn = new ObjectInputStream(fi);
 cus = (Student)objectIn.readObject();
 System.out.println("姓名:" + cus.getName());
 System.out.println("学号:" + cus.getID());
 System.out.println("密码:" + cus.getPassword());
 System.out.println("年龄:" + cus.getNl());
 }
catch (NotSerializableException e)
{
   System.out.println(e.getMessage());
}
catch(ClassNotFoundException e)
{
   System.out.println(e.getMessage());
}
catch(IOException e)
{
   System.out.println(e.getMessage());
}
}
}

class Student implements Serializable
{
 private String name,ID;
 transient private String password;
 private int nl;
 public Student(String name,String ID,String password,int nl)
 {
    this.name = name;
    this.ID = ID;
    this.password = password;
    this.nl = nl;
 }

 public String getName()
 {
    return name;
```

```
    }

    public String getID()
    {
      return ID;
    }

    public String getPassword()
    {
      return password;
    }

    public int getNl()
    {
      return nl;
    }
}
```

（2）编译后运行程序，可以看到运行结果如图 1.7 所示。打开保存文件夹，可以看到其中包含一个 object. txt 文件。从运行结果可以看到，通过序列化机制，可以正确地保存和恢复对象的状态。

```
---------- 运行 ----------
姓名:王红
学号:1234
密码:null
年龄:19

输出完成 (耗时 0 秒) - 正常终止
```

图 1.7　对象流的使用结果

3. 归纳总结

（1）对象序列化

对象的寿命通常随着生成该对象的程序的终止而终止。有时候，可能需要将对象的状态保存下来，在需要时再将对象恢复。我们把对象这种能记录自己的状态以便将来再生的能力叫做对象的持续性(Persistence)。对象通过写出描述自己状态的数值来记录自己，这个过程叫对象序列化(Serialization)。序列化的主要任务是写出对象实例变量的数值。

（2）序列化的目的

Java 对象序列化的目的是为 Java 的运行环境提供一组特性，如下所示。

① 尽量保持对象序列化的简单扼要，但要提供一种途径使其可根据开发者的要求进行扩展或定制。

② 序列化机制应严格遵守 Java 的对象模型。对象的序列化状态中应该存有所有的关于种类的安全特性的信息。

③ 对象的序列化机制应支持 Java 的对象持续性。

④ 对象的序列化机制应有足够的可扩展能力以支持对象的远程方法调用(RMI)。

⑤ 对象序列化应允许对象定义自身的格式即其自身的数据流表示形式，Externalizable 来完成这项功能。

（3）序列化方法

从 JDK1.1 开始，Java 语言提供了对象序列化机制，在 java. io 包中，接口 Serialization 用来作为实现对象序列化的工具，只有实现了 Serialization 的类的对象才可以被序列化。

Serializable 接口中没有任何的方法。当一个类声明要实现 Serializable 接口时，只是表明该类参加序列化协议,而不需要实现任何特殊的方法。

本例中只是在声明 Student 类时仅声明要实现 Serializable 接口,implements Serializable。

（4）构造对象的输入/输出流

要序列化一个对象,必须与一定的对象输入/输出流联系起来,通过对象输出流将对象状态保存下来,再通过对象输入流将对象状态恢复。

在 java.io 包中,提供了 ObjectInputStream 对象输入流和 ObjectOutputStream 对象输出流来读写对象。ObjectInputStream 对象可以用 readObject()方法直接读取一个对象,ObjectOutputStream 对象可以用 writeObject()方法直接将对象保存到输出流中。

（5）transient 关键字

对于某些类型的对象,其状态是瞬时的,这样的对象是无法保存其状态的。例如一个 FileInputStream 对象,须用 transient 关键字标明,否则编译器将报措。

另外,序列化可能涉及将对象存放到磁盘上或在网络上发送数据,这时候就会产生安全问题。因为数据位于 Java 运行环境之外,不在 Java 安全机制的控制之中。对于一些需要保密的字段,不应保存在永久介质中,或者不应简单地不加处理地保存下来。为了保证安全性,应该在这些字段前加上 transient 关键字。

本例中对密码属性变量使用了 transient 关键字,所以,在显示该字段时只有 null。

（6）序列化能保存的元素

序列化只能保存对象的非静态成员变量,不能保存任何成员方法和静态成员变量,而且序列化保存的只是变量的值,对于变量的任何修饰符都不能保存。

1.4 总结提高

java.io 包封装了大量的流类,支持基于字节的流和基于字符的流。

基本流类有 4 个,它们都是抽象类,它们是基于 Unicode 字符的输入流 Reader 和输出流 Writer,基于二进制字节的输入流 InputStream 和输出流 OutputStream。其他所有流类都是从它们中派生出来的子类,如表 1.2～表 1.5 所示。

表 1.2 Reader 输入流的子类

名　　称	功　　能
BufferedReader	读取数据到缓冲区
CharArrayReader	建立读取数据到内建字符数组的输入流
FilterReader	建立对读取的数据进行过滤的输入流
InputStreamReader	将字节流转换为字符流输入
PipedReader	建立输入流管道连接到输出流
StringReader	建立数据源为字符串的输入流

表 1.3　Writer 输出流的子类

名　　称	功　　能
BufferedWriter	将字符数据写入缓冲区
CharArrayWriter	将字符数据写入内建字符数组
FilterWriter	过滤输出流的抽象类
OutputStreamWriter	将字符流转换为字节流输出
PipedWriter	建立输出流管道连接到输入流
PrintWriter	将格式化对象写入文本输出流
StringWriter	建立终点为字符串的输出流

表 1.4　InputStream 输入流的子类

名　　称	功　　能
AudioInputStream(声音输入流)	读取声音字节流
ByteArrayInputStream(字节数组输入流)	读取输入流到字节数组
DataInputStream(数据输入流)	读取数据输入流
FileInputStream(文件输入流)	读取文件输入流
FilterInputStream(过滤器输入流)	建立可过滤的输入流
ObjectInputStream(对象输入流)	读取对象并还原,如图像
PipedInputStream(管道输入流)	建立输入流管道连接到输出流
SequenceInputStream(顺序输入流)	建立顺序输入流并逐个读取
StringBufferInputStream(缓冲字符串输入流)	JDK 1.3 后不再支持

表 1.5　OutputStream 输出流的子类

名　　称	功　　能
ByteArrayOutputStream(字节数组输出流)	将字节数据写入输出流
DataOutputStream(数据输出流)	将数据写入输出流
FileOutputStream(文件输出流)	写入文件输出流
FilterOutputStream(过滤器输出流)	建立可过滤的输出流
ObjectOutputStream(对象输出流)	将对象数据类型写入输出流
PipedOutputStream(管道输出流)	建立输出流管道连接到输入流

这些流类以及它们的子类在创建以后将被自动打开,可以调用 close 方法关闭它们。也可以交给垃圾收集器处理,当不再引用这些对象时,垃圾收集器会自动关闭它们。

输入/输出流类的主要方法如表 1.6~表 1.9 所示。

表 1.6　InputStream 输入流的主要方法

名　　称	功　　能
int read()	读取输入流的下一个字节
int read(byte b[])	将输入流读到字节数组中
int read(byte b[], int off, int len)	从输入流向字节数组的 off 处读取 len 个字节
long skip(long n)	从输入流中跳过 n 个字节
abstract void close()	关闭输入流释放资源

表 1.7　OutputStream 输出流的主要方法

名　　称	功　　能
void write(int b)	将整型数 b 的低 8 位写入输出流
void write(byte b[])	将字节数组写入输出流
void write(byte b[], int off, int len)	从字节数组的 off 处向输出流写入 len 个字节
abstract void flush()	强制将输出流保存在缓冲区中的数据写入终点
abstract void close()	先调用 flush,然后关闭输出流释放资源

表 1.8　Reader 输入流的主要方法

名　　称	功　　能
int read()	读取输入流的下一个字符
int read(char ch[])	将输入流读到字符数组中
int read(char ch[], int off, int len)	从输入流向字符数组的 off 处读取 len 个字符
long skip(long n)	从输入流中跳过 n 个字符
abstract void close()	关闭输入流释放资源

表 1.9　Writer 输出流的主要方法

名　　称	功　　能
void write(int c)	将整型数 c 的低 16 位写入输出流
void write(char ch[])	将字符数组写入输出流
void write(char ch[], int off, int len)	从字符数组的 off 处向输出流写入 len 个字符
void write(String str)	将字符串写入输出流
void write(String str, int off, int len)	从字符串的 off 处向输出流写入 len 个字符
abstract void flush()	强制将输出流保存在缓冲区中的数据写入终点
abstract void close()	先调用 flush,然后关闭输出流释放资源

　　为了全面管理文件系统,Java 还提供了两个文件类：一般文件类 File 和随机文件类 RandomAccessFile。前者提供操作系统目录管理的功能,允许用户访问文件属性和路径等信息,可以顺序方式访问文件；后者用于对文件以随机操作方式读写数据。

1.5　思考与练习

1.5.1　思考题

　　1. 什么是 Java 流？
　　2. 下列不属于字节流的类是(　　)。
　　　　A. InputStreamReader
　　　　B. BufferedInputStream
　　　　C. FileInputStream

    D. OutputStream

3. 以下关于流的说法不正确的是(　　　)。

    A. 流就像一个管道,连通了信息的源及其目的地

    B. 流就是以另一个对象为源或目的地传送信息的对象

    C. 流传输的是二进制数据,以 bit 为单位进行传输和处理

    D. System.out 是连接程序和标准输出设备的一个输出流

4. 什么是标准输入输出方法？什么是标准输入输出设备？标准输入方法 read 在使用中需要注意哪些问题？它输入的数据是何种类型？

5. 标准输出方法 println 能输出字节数据吗？有哪些替代方法？

6. 为什么要序列化对象？如何序列化对象？

7. 使用对象流需要注意什么问题？

1.5.2　上机练习

1. 利用标准输入方法从键盘输入字符,并将输入的字符写到文本文件中。

2. 编一应用程序,利用标准输入输出方法,将键盘输入字符显示在屏幕上。

3. 编一应用程序,利用文件输入/输出流打开一个文本文件,并将其内容输出到屏幕上。

4. 编一应用程序,定义两个字符串,用随机存取文件流新建或打开一个文本文件,将两个字符串的内容分两行写到文本文件中。

5. 编一应用程序,定义两个字符型数据和两个整型数据,用文件流新建或打开一个文本文件,利用数据输入/输出流将不同数据分两行写到指定的文本文件中。

6. 编一应用程序,创建一个序列化对象,用文件流新建或打开一个文本文件,利用对象输出流保存对象状态到指定的文本文件中,再使用对象输入流读出保存在文件中的对象属性,并输出到屏幕上。

第 2 章

图形用户界面（上）

GUI(Graphic User Interface)的中文意思是"图形用户界面"，如今这个词频繁地出现在各种计算机语言教科书中。Windows 操作系统就是典型的图形用户界面。在 GUI 中，用户可以"看到什么就操作什么"，取代了字符方式下"知道是什么才能操作什么"的方式，极大地方便了用户对计算机的操作，GUI 现在已经成为当前的编程标准。

Java 语言可以编写出良好的图形用户界面，它提供了图形用户界面所需要的常见的基本组件，如窗口、按钮、文本框、选择框、滚动条等，Java 类库 javax. swing 包含了所有这些基本组件。

学习目标

通过本章的学习，能够掌握：
- ✓ 图形用户界面的概念
- ✓ 图形用户界面的组成
- ✓ 创建窗口对象的方法
- ✓ 创建面板对象的方法
- ✓ 创建标签、按钮、文本框、文本区组件对象的方法
- ✓ 创建单选按钮、复选框、下拉列表组件对象的方法
- ✓ 使用布局管理器摆放组件的方法
- ✓ 为不同组件添加监听器执行不同任务的方法

2.1　图形用户界面概述

本节的任务是了解图形用户界面的作用与构成。

1. 图形用户界面的定义

图形用户界面或图形用户接口是指采用图形方式显示的计算机操作环境用户接口。与早期计算机使用的命令行界面相比,图形界面对于用户来说更为简便易用。

GUI 广泛应用是当今计算机发展的重大成就之一,它方便了非专业用户的使用,人们从此不再需要死记硬背大量的命令,取而代之的是用窗口、菜单、按键等方式来方便地进行操作。

在图形用户界面中,计算机画面上显示窗口、图标、按钮等图形表示不同目的的动作,用户通过鼠标等指针设备进行选择。

2. 图形用户界面的组成

(1) 桌面

桌面在启动计算机时显示,它是图形用户界面的最底层,有时也指包括窗口、文件浏览器在内的"桌面环境"。在桌面上由于可以重叠显示窗口,因此可以实现多任务化。一般的界面中,桌面上放有各种应用程序和数据的图标,用户可以依此开始工作。

(2) 视窗

视窗(Windows)是应用程序为使用数据而在图形用户界面中设置的基本单元。应用程序和数据在窗口内实现一体化。用户可以在窗口中操作应用程序,进行数据的管理、生成和编辑。通常在窗口四周设有菜单、图标,数据放在中央。

在窗口中,根据各种数据/应用程序的内容设有标题栏,一般放在窗口的最上方,并在其中设有最大化、最小化(隐藏窗口,并非消除数据)、最前面、缩进(仅显示标题栏)等动作按钮,可以简单地对窗口进行操作。

(3) 菜单

将系统可以执行的命令以阶层的方式显示出来的一个界面。菜单一般置于窗口界面的最上方或者最下方,应用程序能使用的所有命令几乎都能放入。重要程度一般是从左到右,越往右重要程度越低。命令的层次根据应用程序的不同而不同,文件的操作、编辑功能经常使用,因此放在最左边,然后往右有各种设置等操作,最右边往往设有帮助。

(4) 弹出菜单

与应用程序准备好的层次菜单不同,在菜单栏以外的地方,通过右击调出的菜单称为"弹出菜单"或称"快捷菜单"。根据调出位置的不同,菜单内容即时变化,列出所指示的对象目前可以进行的操作。

(5) 按钮

菜单中使用程度高的命令用图形表示出来,以按钮的形式配置在应用程序中,组成工具栏。

应用程序中的按钮，通常可以代替菜单。一些使用程度高的命令，不必通过菜单一层层翻动才能调出，极大地提高了工作效率。但是，各种用户使用命令的频率是不一样的，因此这种配置一般都可以由用户自定义。

(6) 其他组件

根据需要，有些窗口需要一些其他组件，例如标签、文本框、下拉列表组件等。

3. Java 图形用户界面的构成

Java 的图形用户界面是由容器组件类与普通组件类、事件类与事件接口类等构成的。

图形用户界面的容器组件类主要包括窗口、对话框、面板等。这些容器组件是用来存放普通组件的框架。

图形用户界面的普通组件类包括标签、按钮、文本框、文本区、单选按钮、复选框、下拉列表等组件。

事件类与事件接口类是用来为组件添加处理功能的，例如单击一个命令按钮后要完成的任务。

4. Java 创建图形用户界面的工具

(1) Swing 与 AWT

在 Java 1.0 版本的时候，Java 语言提供的 GUI 编程类库只有抽象窗口工具箱 (Abstract Window Toolkit，AWT)。使用 AWT 库在处理用户界面组件时，把组件的创建和行为都委托给本地计算机的 GUI 工具处理，因此，使用 AWT 库在处理复杂图形时，在不同平台会有差别。

为了解决这个问题，Netscape 开发了另一个工作方式完全不同的 GUI 库——因特网基础类集(Internet Foundation Classes，IFC)，这就是 Swing 的前身。Swing 不需要使用本地计算机提供的 GUI 功能，用它可以编写 Java 程序实现的图形用户界面，可以接收来自键盘、鼠标和其他输入设备的数据输入。Swing 的所有成员都是 javax. swing 包中的一部分，使用 Swing 组件时，实际操作的是该组件的对象。

读者如果使用过 AWT 组件，可以发现 Swing 组件与其属性、方法基本相同。

(2) Swing 类的层次结构

图 2.1 显示了组件类的继承关系与 Swing 类的层次关系。

如图 2.1 所示，Swing 组件都是 AWT 的 Container 类的直接子类和间接子类，Container 类是用来管理相关组件的类。

Swing 组件包含了两种类型的组件类：顶层容器类，包含 JFrame、JApplet、JDialog 和 JWindow；轻量级组件类 JComponent，它是一个抽象类，用于定义所有子类组件的一般方法。所有的 Swing 组件都是 JComponent 抽象类的子类，例如，按钮 (JButton)、标签(JLabel)、复选框(JCheckBox)、菜

```
java. lang. Object
 -java. awt. Component
   -java. awt. Container
     -javax. swing. JComponent
     -java. awt. Window
       -java. awt. Frame-javax. swing. JFrame
       -javax. Dialog-javax. swing. JDialog
       -javax. swing. JWindow
     -java. awt. Applet-javax. swing. JApplet
   -javax. swing. Box
```

图 2.1　组件类的继承关系与 Swing 类的层次关系

单(JMenu)等基本组件类。组件必须添加到容器组件中才可以显示在用户界面中。组件都具有 setEnable(boolean b)方法,当组件对象调用该方法并且参数值为 true 时组件被启用,参数值为 false 时组件被禁用,外观也会发生变化。

2.2　容器组件

本节的任务是学习如何使用 JFrame、JDialog 和 JPanel 类创建窗口容器、对话框容器与面板容器。

2.2.1　创建窗口

1. 问题的提出

在 GUI 中桌面一般是由操作系统提供的,所以创建 GUI 时主要就是创建包含菜单栏、工具栏、快捷菜单、各种不同组件的窗口。

如何用 Java 程序创建窗口容器组件呢?

2. 解题方案

Swing 包中的 JFrame 是一个用来创建窗口的类,通过继承 JFrame 类可以创建出在用户桌面上显示的窗口,因为 JFrame 类是一个顶层的容器框架,所以可以在其中添加各种普通组件。

下面通过实例 2.1 介绍如何通过继承 JFrame 类来创建一个可视的窗口容器。

实例 2.1　本例介绍的应用程序创建了一个可以移动、改变大小、最大化、可变成图标且可以关闭的窗口,运行程序可以弹出一个窗口对象,如图 2.2 所示。

图 2.2　弹出的窗口对象

解题步骤：

（1）在 EditPlus 主窗口文件编辑区输入如下代码。

```java
import javax.swing.*;
import java.awt.*;
public class JF0 extends JFrame{
    public JF0(String s){
        super(s);                          //调用父类 JFrame 的构造方法,给窗口命名
        setBounds(200,200,500,400);        //设置窗口位置,窗口大小
        try{                               //设置外观
        UIManager.setLookAndFeel(UIManager.getSystemLookAndFeelClassName());
        }
        catch(Exception e){}
        setDefaultCloseOperation(JFrame.EXIT_ON_CLOSE);
    }
    public static void main(String[] args){
        JF0 f = new JF0("主窗口");
        f.setVisible(true);                //设置窗口是否为可见
    }
}
```

（2）保存新创建的源程序，编译源程序。

（3）运行程序，结果如图 2.2 所示。

3. 归纳分析

（1）JFrame 类与方法

本程序中 JF0 类是继承自类 JFrame 的子类，所以在为其设计的构造方法 JF0(String s)中直接使用了 JFrame 类的一些主要方法。

调用父类的构造方法 super(s)为窗口指定名称，s 可以在创建窗口对象时具体指定，例如"主窗口"。

通过类 JFrame 的 setBounds(200,200,500,400)方法设置窗口位置、窗口的大小，前两个参数用来指定窗口在桌面的位置，后两个参数用来指定窗口的宽度和高度。

通过 setVisible(true)方法用来指定窗口可见（参数为 false 时为不可见）。

通过 UIManager.setLookAndFeel 方法指定窗口的外观，为了防止有些系统不支持，特设计了 try 语句解决出错问题。

通过 setDefaultCloseOperation(JFrame.EXIT_ON_CLOSE)设定窗口对象关闭动作。

这几个方法对于生成一个窗口来说都是必需的。

（2）通过 JF0 类的对象 f 创建窗口

在主方法 main 中通过创建 JF0 类的对象 f 创建窗口，JF0 f＝new JF0("主窗口")，同时通过构造方法指定其窗口名称为"主窗口"，也可以指定其他窗口名称。

JF0 通过构造方法提供了一个指定窗口名称的接口，可以在创建其对象时根据需要指定窗口名称。

（3）设置窗口对象"可视属性"

设置窗口对象"可视属性"有两种方式，可以在构造方法中设置，例如：

```
setVisible(true);
```

还可以在创建实例对象时设置,例如:

```
f.setVisible(true);
```

(4) 类 JFrame 的其他方法与属性

通过本程序可以了解类 JFrame 的几个典型方法与属性,如果要了解更多更详细的知识,可在 http://java.sun.com/j2se/1.5.0/docs/api/index.html 中查找。

2.2.2　创建对话框

1. 问题的提出

有时打开窗口时需要再打开一个依附在本窗口的窗口来显示一些信息提示等,一般把这种窗口称为对话框,通过 Java 程序可以生成这种对话框窗口吗?

2. 解题方案

Swing 包中的 Dialog 类就是专门用来创建对话框窗口的。对话框和普通窗口最大的不同就是对话框是依附在某个窗口上的,一旦它所依附的窗口关闭了,对话框也要随着关闭。因为对话框也是窗口容器,所以在对话框中可以添加其他组件。

下面通过实例 2.2 介绍如何通过继承 Dialog 类在"主窗口"中创建一个可视的对话框对象。

实例 2.2　本例介绍的应用程序在刚创建的"主窗口"中创建一个对话框,如图 2.3 所示。

解题步骤:

(1) 在 EditPlus 主窗口文件编辑区输入如下代码。

图 2.3　创建的对话框对象

```
import javax.swing. * ;
public class JD extends JDialog{
public JD(JFrame f,String s) {
    super(f,s);                                  //调用父类 JDialog 的构造方法,给对话框窗口命名
    setBounds(300,300,200,200);                  //设置对话框窗口大小位置
    setModal(false);                             //设置对话框窗口模式
    setDefaultCloseOperation(JDialog.DISPOSE_ON_CLOSE );
    setVisible(true);                            //设置对话框窗口是否为可见
}
public static void main(String[ ] args)      {
    JF0 f = new JF0("主窗口");                    //创建主窗口对象
    f.setVisible(true);                          //设置窗口是否为可见
    JD d = new JD(f, "这是一个对话框窗口");       //创建对话框对象
}
    }
```

（2）保存新创建的源程序，编译源程序。

（3）运行程序，结果如图 2.3 所示。

3. 归纳分析

（1）创建对话框的类 JD

本应用程序创建了一个继承自 JDialog 的自定义对话框类 JD，在其构造方法中通过 JDialog 完成了对话框窗口的定义工作，其方法与创建普通窗口的方法基本相同。

（2）指定对话框窗口名称的方法

在 super(f,s) 父类的构造方法中，f 用来指定对话框所依赖的窗口对象名称，s 用来指定创建的对话框窗口名称。

（3）在类的 main 方法中完成的两个任务

① 创建了一个主窗口对象 f。f 是实例化 JF0 类（在例 2.1 中自定义的类）创建的，从这里可以看到 Java 语言的优点，可以使用已经创建的系统类和自定义类。

② 创建了一个依存于窗口 f、名称为"这是一个对话框窗口"的对话框窗口对象 d。

运行程序执行主方法时即可同时产生一个依附在主窗口上的对话框窗口。

（4）JDialog 常用的 7 个构造方法

```
JDialog(JDialog owner)
JDialog(JDialog owner, String title)
JDialog(JDialog owner, String title, boolean modal)
JDialog(Frame owner)
JDialog(Frame owner, boolean modal)
JDialog(Frame owner, String title)
JDialog(Frame owner, String title, boolean modal)
```

其中，owner 参数是指自定义对话框的所有者，它可以是一个 JDialog 或 Frame 对象。title 用来定义对话框的标题，布尔变量 modal 取值为 true 则为模式对话框，否则为无模式（并存式）对话框。模式对话框是指打开后必须作出响应的对话框，例如：

```
JDialog dlg = new JDialog(parent, "确认对话框", true);
```

这条语句可创建一个在 Windows 中常见的确认对话框，有"是"和"否"两个按钮，必须单击其中一个按钮，程序才能继续进行。

2.2.3　创建面板

1. 问题的提出

窗口容器仅提供了一个框架，如何向窗口框架中添加其他组件呢？可以直接向窗口中添加组件吗？

2. 解题方案

通过 Swing 创建的窗口容器不能直接接纳其他组件，它只可以直接接收面板（JPanel 类）容器组件。

面板(JPanel 类)是 Swing 包提供的一个无边框的容器,可以包容其他组件或另一个面板对象。使用面板的目的是为了分层次、分区域管理各种组件,使组件放置在窗口精确的位置。面板与其他顶层容器不同,它是一个中间容器,它既是容器又是组件,它可以容纳其他组件,也可以添加到其他容器之中。一个窗口中可以添加多个面板对象。

下面通过实例 2.3 介绍如何在窗口对象中添加一个可视的面板对象。

实例 2.3 本程序通过设计 JP1 类创建一个包含 Container 内容面板对象 c、JPanel 面板对象 p 的窗口对象 f1,并将内容面板对象 c 添加到指定的窗口对象 f0 中,将 JPanel 面板对象 p 添加到内容面板 c 中,添加面板的窗口如图 2.4 所示。

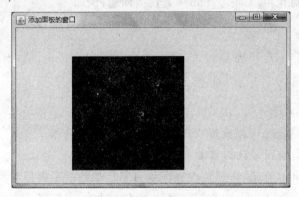

图 2.4 添加面板的窗口

解题步骤:

(1) 在 EditPlus 主窗口文件编辑区输入如下代码。

```
import javax.swing. * ;
import java.awt. * ;
import java.awt.Color;
public class JP1 extends JFrame{
public JP1(JFrame f, int x, int y, int w, int h) {
    Container c = getContentPane(); //调用 getContentPane()方法创建 Container 内容面板对象 c
    c.setLayout(null);              //设置不采用任何布局方式
    c.setBackground(Color.yellow);  //设置面板的背景色为黄色
    f.add(c);                       //将内容面板 c 加入到窗口对象 f 中
    JPanel p = new JPanel();        //创建面板对象 p
    p.setBounds(x, y, w, h);        //设置面板 p 的位置、大小
    p.setBackground(Color.blue);    //设置面板的背景色为蓝色
    c.add(p);                       //将面板 p 加入到窗口的内容面板 c 中
}
public static void main(String[ ] args) {
    JF0 f0 = new JF0("添加面板的窗口");
    JP1 f1 = new JP1(f0,100,50,200,200);
    f0.setVisible(true);            //设置窗口是否为可见
}
}
```

(2) 保存新创建的源程序,编译源程序。

(3) 运行程序,结果如图 2.4 所示。

3. 归纳分析

（1）创建 Container 内容面板对象的方法

创建内容面板对象 c 可以通过 JFrame 的 getContentPane()方法直接创建。内容面板可以通过方法 setBackground 设置背景颜色，还可以通过 setLayou 方法调用布局管理器来管理其上添加的组件等对象。因为内容面板是添加到窗口对象上的，可根据窗口的大小填满整个窗口，因此，不用设置其位置与大小。

（2）创建 JPanel 类面板对象的方法

JPanel 类面板对象可以通过 JPanel 类直接创建，例如：

```
JPanel p = new JPanel()
```

当容器不使用布局管理器时（setLayout（null）），JPanel 类面板对象可以通过 setBounds(x,y,w,h)方法设置其位置与大小，例如：

```
p.setBounds(x,y,w,h)
```

JPanel 类面板对象还可以设置背景颜色、指定布局管理器。

（3）添加内容面板到窗口的方法

窗口对象具有 add 方法，可以将内容面板对象添加到指定窗口对象中，例如：

```
f.add(c)
```

（4）添加 JPael 类面板到内容面板的方法

内容面板具有 add 方法，可以将 JPanel 类面板对象添加到内容面板对象中，例如：

```
c.add(p)
```

（5）在类的 main 方法中完成的任务

① 创建了 JF0 类的窗口对象 f0。

② 创建了 JP1 类的窗口对象 f1，它是一个容纳内容面板对象 c、普通面板 p 的窗口对象。JP1 还通过构造方法提供了一个指定普通面板 p 位置、大小的接口，可以在创建其对象时根据需要来确定。

> **注意** 在窗口中添加各种组件包括 JPanel 面板都是添加在内容面板上，窗口是显示内容面板的框架。所以，要添加组件与 JPanel 面板，先要创建内容面板。

2.3 组件

组件（JComponent）是构成 GUI 的基本要素，通过对不同事件的响应来完成和用户的交互或组件之间的交互。组件一般作为一个对象放置在容器（Container）内，容器是能容纳和排列组件的对象，如 Applet 界面、面板、窗口等。通过容器的 add 方法可以把组件标签、按钮、文本框、菜单等加入到容器中。

本节的任务是学习如何在容器中添加 Swing 组件。注意本节中所有组件使用的窗口对象都是通过实例 2.1 中设计的自定义类 JF0 创建的。

2.3.1 创建标签

1. 问题的提出

在窗口上能不能显示字符串等数据信息呢？例如，将某些文字显示在窗口中。

2. 解题方案

Swing 包中的标签类 JLabel 是专门用来显示单行字符串的，可在窗口上显示一些提示性、说明性的标题文字，当然，标签对象要通过面板添加到窗口对象。

下面通过实例 2.4 介绍如何在窗口对象中创建一个标签对象。

实例 2.4 本程序通过设计 JL1 类创建了一个容纳 JLabel 标签对象 label 的窗口对象。通过 JLabel 构造方法的参数传递两个对象变量，一个是 JF0 类的窗口对象 f，一个是普通面板 p；并将 p 添加到窗口对象 f 中，将 label 添加到面板 p 中；完成添加标签对象到窗口的任务，在窗口中显示文字"显示文字的标签"，如图 2.5 所示。

图 2.5 使用标签对象的窗口

解题步骤：

(1) 在 EditPlus 主窗口文件编辑区输入如下代码。

```java
import javax.swing. * ;
import java.awt. * ;
public class JL1 extends JFrame{
    private JLabel label;
    public JL1(JFrame f,JPanel p) {
        f.add(p);                                    //将面板 p 加入到窗口 f 中
        label = new JLabel("显示文字的标签");          //使用文本创建一个标签对象
        label.setFont(new Font("Serif", Font.PLAIN, 20));//设置标签字体
        label.setToolTipText("这是标签对象");          //设置标签的工具提示
        p.add(label);                                //将标签对象添加到面板对象 p 上
    }
    public static void main(String[ ] args) {
        JF0 f0  = new JF0("添加标签的窗口");
        JL1 f1 = new JL1(f0,new JPanel());
        f0.setVisible(true);                         //设置窗口是否为可见
    }
}
```

（2）保存新创建的源程序，编译源程序。

（3）运行程序，结果如图 2.5 所示。

3. 归纳分析

（1）创建标签对象的方法

标签对象 label 可通过 JLabel 类直接声明，例如：

```
private JLabel label;
label = new JLabel("显示文字的标签");
```

（2）标签的构造方法

① JLabel()：创建一个没有显示内容的标签对象。

② JLabel(String text)：创建一个显示文字的标签对象，默认为居中排列。

③ JLabel(String text, int alignment)：创建一个显示文字为 text 的标签对象，并指定其排列方式。排列方式有 3 种，分别用 3 个常量 LEFT、CENTER 和 RIGHT 表示左对齐、居中对齐和右对齐。

④ JLabel(Icon image)：创建一个显示为图标的标签对象，默认为居中排列。

⑤ JLabel(Icon image, int alignment)：创建一个显示为图标的标签对象，并指定其排列方式。

（3）标签的常用方法

① void setText(String label)：设置显示的字符串。

② String getText()：返回当前显示的字符串。

③ void setAlignment(int alignment)：设置对齐方式。

④ void setFont(Font f)：设置显示的字符串的字体。

⑤ void setBackground(Color c)：设置显示的字符串的背景颜色。

⑥ void setForekground(Color c)：设置显示的字符串的颜色。

2.3.2　创建按钮

1. 问题的提出

在窗口上能不能显示命令按钮并让其完成一些不同任务呢？例如，单击一个命令按钮，让窗口弹出一个对话框，显示某些文字。

2. 解题方案

Swing 包中的按钮类 JButton 是专门用来生成命令按钮组件的，生成的按钮可以带有文字标题与图标。要让按钮执行指定任务，需要定义事件类与事件接口类的对象。

下面通过实例 2.5 介绍如何在窗口对象中创建一个按钮对象，单击它能弹出一个消息对话框，其中显示某些指定的文字。

实例 2.5　本例应用程序用来创建添加一个带有文字按钮和一个带有图标文字按钮的窗口，单击它们会打开一个消息对话框，如图 2.6 所示。

图 2.6　添加命令按钮的对话框

解题步骤:

(1) 在 EditPlus 主窗口文件编辑区输入如下代码。

```
import javax.swing.*;
import java.awt.*;
import java.awt.event.*;
public class JB extends JFrame{
    private JButton button1, button2;
    public  JB(JFrame f,JPanel p) {
        f.add(p);                        //将面板 p 加入到窗口 f 中
        button1 = new JButton("按钮 1");   //创建按钮对象
        button1.setFont(new Font("Serif", Font.PLAIN, 20));//指定按钮文字字体

        ImageIcon img1 = new ImageIcon("图片/1.gif");
        ImageIcon img2 = new ImageIcon("图片/2.gif");
        button2 = new JButton("按钮 2", img2);
        button2.setRolloverIcon(img1);
        button2.setFont(new Font("Serif", Font.PLAIN, 14));

        //为组件注册监听器
        BHandler h = new BHandler();
        button1.addActionListener(h);
        button2.addActionListener(h);

        //将各种组件添加到内容面板
        p.add(button1);
        p.add(button2);
    }
    public static void main(String[] args) {
        JB f1 = new JB(new JF0("添加按钮的窗口"),new JPanel());
    }
    private class BHandler implements ActionListener{
        public void actionPerformed(ActionEvent event){
            JOptionPane.showMessageDialog(JB.this,"你按了：" + event.getActionCommand());
        }
    }
}
```

（2）保存新创建的源程序，编译源程序。

（3）运行程序，结果如图 2.6 所示。

3．归纳分析

（1）准备使用的图片文件

编写本应用程序要在已经创建好的"程序/图片"文件夹中先存放两个名称为 1.gif、2.gif 的图片文件。

（2）定义 ActionListener 事件接口类 BHandler

本程序声明了一个继承 ActionListener 事件接口类的 BHandler 类，实现 ActionListener 事件接口类中的 actionPerformed（ActionEvent event）方法，它用来处理命令按钮的单击事件，单击命令按钮时，会打开一个信息对话框，并显示文字"你按了："＋ event.getActionCommand（），其中 event.getActionCommand（）是单击的命令按钮的名称。

单击命令按钮后让其执行任务，需要生成 BHandler 类的监听器对象 h，并通过 addActionListener（h）方法将监听器注册到命令按钮上，这样才能保证单击按钮后弹出消息对话框。

（3）标准对话框类 JOptionPane

JOptionPane 类的对象可以用 showMessageDialog 方法生成一个向用户提供值或向其发出通知的标准对话框。

例如，通过 JOptionPane.showMessageDialog（JB.this,"你按了："＋ event.getActionCommand（））方法产生了一个消息提示对话框，如图 2.6 所示。

（4）创建按钮对象的方式

创建按钮对象与创建标签对象相同，直接声明 JButton 类的对象即可，例如：

```
private JButton button1, button2;
button1 = new JButton("按钮 1");        //创建按钮对象
button2 = new JButton("按钮 2", img2);
```

（5）按钮构造方法

① JButton（）：创建一个没有标题的按钮。

② JButton（String text）：创建一个带标题的按钮。

③ JButton（Icon image）：创建一个有图标的按钮。

④ JButton（String text,Icon image）：创建一个有标题、有图标的按钮。

2.3.3　创建文本框

1．问题的提出

在窗口上能不能显示一个能输入文字的文本框呢？

2．解题方案

Swing 包中的文本框类 TextField 是专门用来生成文本框组件的，文本框可以用来接收用户键盘输入的单行文本信息。

下面通过实例 2.6 介绍如何在窗口对象中创建不同类型的文本框对象。

实例 2.6 本例应用程序用来创建一个空白文本框、带有默认值的文本框、不可编辑的文本框、密码框（输入的字符用·代替）的窗口，如图 2.7 所示。

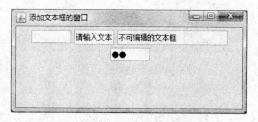

图 2.7 创建不同类型的文本框

解题步骤：

（1）在 EditPlus 主窗口文件编辑区输入如下代码。

```java
import java.awt.*;
import javax.swing.*;
public class JT extends JFrame{
    private JTextField t1, t2, t3;
    private JPasswordField k1;
    public JT(JFrame f,JPanel p){
        f.add(p);                          //将面板 p 加入到窗口 f 中
        p.setLayout(new FlowLayout());
        p.setBackground(Color.YELLOW);

        t1 = new JTextField(10);           //创建文本框对象,宽度为 10
        t2 = new JTextField("请输入文本");    //创建带有初始文本的文本框对象
        t2.setFont(new Font("Serif", Font.PLAIN, 12));
        t3 = new JTextField("不可编辑的文本框", 20);
                                           //创建带有初始文本的文本框,宽度为 20
        t3.setFont(new Font("Serif", Font.PLAIN, 12));
        t3.setEditable(false);             //设置该文本框为不可编辑状态
        k1 = new JPasswordField("口令",10); //创建密码框

        p.add(t1);
        p.add(t2);
        p.add(t3);
        p.add(k1);
    }

    public static void main(String[] args)   {
        JFO f0 = new JFO("添加文本框的窗口");
        JT d = new JT(f0,new JPanel());
        f0.setVisible(true);           //设置窗口是否为可见
    }
}
```

（2）保存新创建的源程序，编译源程序。

（3）运行程序，结果如图 2.7 所示。

3. 归纳分析

(1) 创建文本框对象的方法

创建文本框对象与创建按钮对象相同,直接声明 JTextField 类的对象即可,例如:

```
private JTextField t1;
t1 = new JTextField(10);
```

(2) 创建密码框对象的方法

创建密码框对象与创建文本框对象相同,直接声明 JPasswordField 类的对象即可,例如:

```
private JPasswordField k1;
k1 = new JPasswordField("口令",10);//创建密码框
```

(3) 文本框的构造方法

① JTextField():创建一个默认宽度的文本框。

② JTextField(int columns):创建一个指定宽度的文本框。

③ JTextField(String text):创建一个带有初始文本内容的文本框。

④ JTextField(String text,int columns):创建一个带有初始文本内容并具有指定宽度的文本框。

2.3.4 创建文本区

1. 问题的提出

文本框只能输入或显示一行文字,在窗口上能不能显示多行文字的文本区呢?

2. 解题方案

Swing 包中的文本区类 JTextArea 是专门用来生成文本区组件的,文本区可以用来接收用户键盘输入的多行文本信息,文本区也可以用来显示大段的文本。同时还通过命令按钮将文本区 1 输入的文字,在文本区 2 显示出来。

下面通过实例 2.7 介绍如何在窗口对象中创建文本区对象。

实例 2.7 本例应用程序用来创建添加有两个文本区组件的窗口,如图 2.8 所示。

解题步骤:

(1) 在 EditPlus 主窗口文件编辑区输入如下代码。

```
import java.awt. * ;
import javax.swing. * ;
import java.awt.event. * ;
public class JTA extends JFrame{
    private JTextArea ta1, ta2, ta3, ta4;
    private JButton button1;
    public JTA(JFrame f,JPanel p)   {
        f.add(p);
        p.setLayout(new GridLayout(4, 1, 5, 5));
```

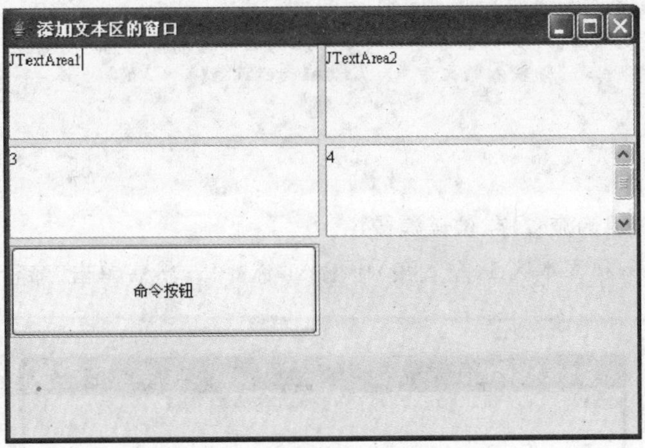

图 2.8　包含不同文本区的窗口

```
        ta1 = new JTextArea();          //利用不同的构造方法创建文本区对象
        ta2 = new JTextArea(2,8);
        ta3 = new JTextArea("3");
        ta4 = new JTextArea("4",5,10);
        ta1.setFont(new Font("Serif", Font.PLAIN, 12));//设置字体
        ta2.setFont(new Font("Serif", Font.PLAIN, 12));
        ta3.setFont(new Font("Serif", Font.PLAIN, 12));
        ta4.setFont(new Font("Serif", Font.PLAIN, 12));
        ta1.setText("JTextArea1"); //setText()方法会将原来的内容清除
        ta2.append("JTextArea2");   //append()方法会将设置的字符串接在原来文本区文字之后
        ta4.setTabSize(10);         //设置 Tab 键的跳离距离方法
        ta4.setLineWrap(true);      //自动换行功能方法
        ta4.setWrapStyleWord(true);//断行不断字功能方法

        button1 = new JButton("命令按钮");
        rHandler h = new rHandler(); //创建监听器
        button1.addActionListener (h);

        p.add(new JScrollPane(ta1)); p.add(new JScrollPane(ta2));
        p.add(new JScrollPane(ta3)); p.add(new JScrollPane(ta4));
        p.add(new JScrollPane(button1));
    }
public static void main(String[] args) {
        JF0 f0  = new JF0("添加文本区的窗口");
        JTA d = new JTA(f0,new JPanel());
        f0.setVisible(true);          //设置窗口是否为可见
    }
private class rHandler implements ActionListener{
    public void actionPerformed(ActionEvent e) {
```

```
        if (e.getSource() == button1)
        ta2.setText(""); //将文本区 2 的原来的内容清除
        ta2.append("你输入的文字是：" + ta1.getText() + "\n");
      }
    }
}
```

（2）保存新创建的源程序，编译源程序。

（3）运行程序，在文本区 1（左上角）中输入"你好！"，然后单击"命令按钮"，运行结果如图 2.9 所示。

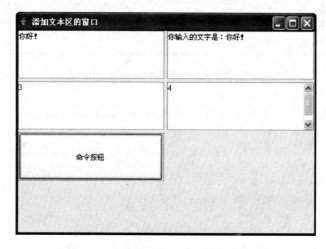

图 2.9　在不同文本区显示输入的内容

3. 归纳分析

（1）创建文本区对象的方法

创建文本区对象与创建文本框对象相同，直接声明 JTextArea 类的对象即可，例如：

```
private JTextArea ta1;
ta1 = new JTextArea();
```

（2）文本区的构造方法

① JTextArea()：创建一个默认大小的文本区。

② JTextArea(int rows, int columns)：创建一个指定行和列数的文本区。

③ JTextArea(String text)：创建一个带有初始文本内容的文本区。

④ JTextArea(String text, int rows, int columns)：创建一个带有初始文本内容并具有指定行和列数的文本区。

（3）文本区的常用方法

① public void append(String str)：在文本区尾部添加文本。

② public void insert(String str, int pos)：在文本区指定位置插入文本。

③ public void setText(String t)：设定文本区内容，会将原来的内容清除。

④ public int getRows()：返回文本区的行数。

⑤ public int getText()：返回文本区的文本。

⑥ public void setRows(int rows)：设定文本区的行数。

⑦ public int getColumns()：返回文本区的列数。

⑧ public void setColumns(int columns)：设定文本区的列数。

⑨ public void setEditable(boolean b)：设定文本区的读写状态。

2.3.5 创建单选按钮

1. 问题的提出

利用命令按钮一次只能完成一项任务,有时需要根据不同选择执行不同任务,Java能不能创建单选按钮呢?

2. 解题方案

Swing 包中的单选按钮类 JRadioButton 类与 ButtonGroup 类是专门用来生成单选按钮组件的,单选按钮包含一组按钮,按钮处于选中或未选中两种状态。用户通过按钮只能选择其中的一个选项。

下面通过实例 2.8 介绍如何在窗口对象中创建单选按钮对象。

实例 2.8 本例应用程序用来创建包含有 3 个颜色单选按钮的窗口,根据选择在窗口中可以显示不同的颜色,窗口界面如图 2.10 所示。

图 2.10 包含单选按钮的窗口

解题步骤:

(1) 在 EditPlus 主窗口文件编辑区输入如下代码。

```java
import javax.swing. * ;
import java.awt. * ;
import java.awt.Color;
import java.awt.event. * ;
public class JR extends JFrame{
    private JPanel p1, p2;
    private JRadioButton red, green, blue;
    private ButtonGroup buttonGroup;
    public JR(JFrame f)  {
        Container c = getContentPane();
        f.add(c);
        p1 = new JPanel();                      //创建一个用来显示颜色的面板对象
        p1.setBackground(Color.RED);
        c.add(p1, BorderLayout.CENTER);

        buttonGroup = new ButtonGroup();        //创建单选按钮组
        red = new JRadioButton("红色", true);    //创建单选按钮选项,默认选项
```

```
        green = new JRadioButton("绿色");
        blue = new JRadioButton("蓝色");
        red.setFont(new Font("Serif", Font.PLAIN, 14));   //设置字体
        green.setFont(new Font("Serif", Font.PLAIN, 14));
        blue.setFont(new Font("Serif", Font.PLAIN, 14));
        buttonGroup.add(red);
        buttonGroup.add(green);
        buttonGroup.add(blue);                            //添加选项按钮到组中

        rHandler h = new rHandler();                      //创建监听器
        red.addItemListener(h);
        blue.addItemListener(h);
        green.addItemListener(h);

        p2 = new JPanel();                                //创建存放单选按钮的面板
        p2.add(red);
        p2.add(green);
        p2.add(blue);
        c.add(p2, BorderLayout.SOUTH);
    }

    public static void main(String[] args){
        JF0 f0 = new JF0("通过单选框选择颜色的窗口");
        JR application = new JR(f0);
        f0.setVisible(true);                              //设置窗口是否为可见
    }
    private class rHandler implements ItemListener{
        public void itemStateChanged(ItemEvent event){
            if(red.isSelected())  p1.setBackground(Color.red);
            else if(green.isSelected())  p1.setBackground(Color.GREEN);
            else p1.setBackground(Color.BLUE);
        }
    }
}
```

（2）保存新创建的源程序，编译源程序。

（3）运行程序，结果如图 2.10 所示。

3. 归纳分析

（1）创建单选按钮对象的方法

单选按钮由 JRadioButton 类与 ButtonGroup 类的对象共同构成。JRadioButton 用于设置各个单选选项，ButtonGroup 对象用于创建单选按钮组和维护一组互斥单选选项的关系。

创建 JRadioButton 与 ButtonGroup 类的对象，直接声明即可，例如：

```
private JRadioButton red, green, blue;
private ButtonGroup buttonGroup;
    buttonGroup = new ButtonGroup();          //创建单选按钮组
    red = new JRadioButton("红色", true);    //创建单选按钮选项,默认选项
    green = new JRadioButton("绿色");
    blue = new JRadioButton("蓝色");
```

在创建选项按钮时，可以定义选项按钮的名称与默认选中的按钮，例如：

```
red = new JRadioButton("红色", true);
```

一般先创建 ButtonGroup 对象即单选按钮组，再创建组中包含的按钮选项。

（2）组合单选按钮组的方法

通过 add 方法可将各个选项按钮对象添加到单选按钮组对象上。例如：

```
buttonGroup.add(red);
buttonGroup.add(green);
buttonGroup.add(blue);//添加选项按钮到组中
```

（3）分别使用不同的面板存放组件

在使用单选按钮时，最好将选择后用来显示结果的组件与单选按钮组件分开存放在不同的面板上，这样可以使界面更漂亮，更易于管理组件。

2.3.6　创建复选框

1. 问题的提出

利用单选按钮一次只能选中一种选项，有时需要根据不同要求选择多个选项，Java能不能创建多选框呢？

2. 解题方案

Swing 包中的复选框类 JCheckbox 类是专门用来生成复选框组件的，复选框包含一组选项，复选框选项存在选中或未选中两种状态，用户通过选项可以一次选择其中的多个选项。

下面通过实例 2.9 介绍如何在窗口对象中创建多选框对象。

实例 2.9　本例应用程序用来创建包含两个字体复选按钮的窗口，根据选择可以改变窗口中标签对象的字体，窗口界面如图 2.11 所示。

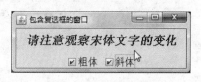

图 2.11　包含复选框的窗口

解题步骤：

（1）在 EditPlus 主窗口文件编辑区输入如下代码。

```
import java.awt. * ;
import java.awt.event. * ;
import javax.swing. * ;
public class Jcb extends JFrame {
    private JLabel label;
    private JCheckBox b, i;
        public Jcb(JFrame f) {
            Container c = getContentPane();
            c.setLayout(new FlowLayout());
            c.setBackground(Color.YELLOW);
```

```
                f.add(c);
                label = new JLabel("请注意观察宋体文字的变化");//创建标签对象,并设置字体
                label.setFont(new Font("Serif", Font.PLAIN, 20));
                c.add(label);

                b = new JCheckBox("粗体");                      //创建复选框
                i = new JCheckBox("斜体");
                b.setFont(new Font("Serif", Font.PLAIN, 16));
                i.setFont(new Font("Serif", Font.PLAIN, 16));
                b.setBackground(Color.YELLOW);
                i.setBackground(Color.YELLOW);

                CBHandler h = new CBHandler();                //创建监听器对象
                b.addItemListener(h);                          //注册监听器
                i.addItemListener(h);                          //注册监听器
                c.add(b);
                c.add(i);
            }

        public static void main(String[] args){
            JF0 f0 = new JF0("包含复选框的窗口");
            Jcb d = new Jcb(f0);
            f0.setVisible(true);
        }

        private class CBHandler implements ItemListener{         //声明监听器类
            private int vb = Font.PLAIN;
            private int vi = Font.PLAIN;
            public void itemStateChanged(ItemEvent e){
                if(e.getSource() == b) vb = b.isSelected()? Font.BOLD : Font.PLAIN;
                if(e.getSource() == i)vi = b.isSelected()? Font.ITALIC : Font.PLAIN;
                label.setFont(new Font("Serif", vb + vi, 20));
            }
        }
    }
}
```

（2）保存新创建的源程序,编译源程序。

（3）运行程序,结果如图 2.11 所示。

3. 归纳分析

（1）创建复选框对象的方法

创建 JCheckbox 类的对象,直接声明即可,例如:

```
private JCheckBox b, i;
b = new JCheckBox("粗体");//创建复选框,直接定义选项名称
i = new JCheckBox("斜体");
```

（2）组合复选框的方法

复选框是通过 add 方法将各个选项对象添加到内容面板对象上实现的。例如:

```
        c.add(b);
        c.add(i);
```

（3）使用监听器实现多种选择的方法

与单选按钮相同，在处理选项被选中的事件时，需要实现 ItemListener 事件接口类中的 itemStateChanged(ItemEvent e)方法。

通过 addItemListener(h)方法将监听器对象 h 注册到各个选项按钮上。

2.3.7 创建下拉列表

1. 问题的提出

在其他图形用户界面上常见到下拉列表，通过 Java 程序可以实现吗？

2. 解题方案

Swing 包中的下拉列表类 JComboBox 类是专门用来生成下拉列表组件的，下拉列表与单选按钮类似，同样存在选中或未选中两种状态，使用下拉列表可以让用户在组合框的多个选项中选择一个选项。列表框的所有选项都是可见的，如果选项数目超出了列表框可见区的范围，则列表框右边会出现一个滚动条。

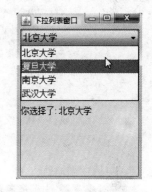

用户可以从下拉列表中选择值，如果使组合框处于可编辑状态，则组合框将包括可编辑字段。

下面通过实例 2.10 介绍如何在窗口对象中创建下拉列表对象。

实例 2.10 本例用来创建一个包含下拉列表组件的窗口，根据选择可以改变窗口中标签对象的字体，窗口界面如图 2.12 所示。

图 2.12 包含下拉列表的窗口

解题步骤：

（1）在 EditPlus 主窗口文件编辑区输入如下代码。

```
import java.awt. * ;
import javax.swing. * ;
import java.awt.event. * ;
import java.awt.Color;

public class Jlb extends JFrame {
    private JComboBox lbk;
    private JLabel label;
    private String names[] = {"北京大学","复旦大学","南京大学","武汉大学"};

    public Jlb(JFrame f) {
        Container c = getContentPane();
        c.setBackground(Color.YELLOW);
        f.add(c);
```

```
        lbk = new JComboBox(names);        //创建下拉列表对象
        lbk.setMaximumRowCount(4);        //设置下拉列表所能显示的列表项的最大数目
        lbk.setSelectedIndex(0);          //设置默认的选择项
        lbk.setFont(new Font("Serif", Font.PLAIN, 14));   //设置字体
        lbk.addItemListener(new lbHandler());           //注册监听器

        label = new JLabel("你选择了：北京大学");
        label.setFont(new Font("Serif", Font.PLAIN, 14));
        c.add(lbk,BorderLayout.NORTH);
        c.add(label,BorderLayout.CENTER);
    }

    public static void main(String[] args){
        JF0 f0 = new JF0("下拉列表窗口");
        Jlb d = new Jlb(f0);
        f0.setVisible(true);
    }

    private class lbHandler implements ItemListener{
        public void itemStateChanged(ItemEvent e){
            if(e.getStateChange() == e.SELECTED) {
            label.setText("你选择了：" + names[lbk.getSelectedIndex()]); }
        }
    }
}
```

（2）保存新创建的源程序，编译源程序。

（3）运行程序，结果如图 2.12 所示。

3. 归纳分析

（1）创建下拉列表对象的方法

先声明一个数组变量用来定义下拉列表中显示的选项名称，例如：

```
private String names[] = {"北京大学", "复旦大学", "南京大学", "武汉大学"};
```

创建 JComboBox 类的对象，直接声明即可，例如：

```
private JComboBox lbk;
lbk = new JComboBox(names);
```

在创建选项按钮时，直接代入数组名 names，即可显示下拉列表名称。

在程序中可以看到通过 JComboBox 类使用数组对象可以一次完成下拉列表对象各个选项的定义，并按数组各元素所处位置指定其在列表中的位置。

（2）下拉列表对象的常用方法

① 通过 setSelectedIndex(0)方法可以设置第一个选项为默认选项。

② 通过 getSelectedIndex()方法可以得到选项在列表中的位置。

③ 通过 setMaximumRowCount(N)方法可以设置下拉列表所能显示的列表项的最大数目。

④ 通过 setEditable(boolean a)方法可以设置下拉列表字段是否可以编辑。

(3) 使用监听器实现选择的方法

与单选按钮相同,在处理选项被选中的事件时,需要实现 ItemListener 事件接口类中的 itemStateChanged(ItemEvent e)方法。

通过 lbk. addItemListener(new lbHandler())方法将监听器对象注册到下拉列表对象 lbk 上。

2.4　总结提高

通过本章的应用程序可以总结出创建容器与组件的基本步骤如下:

(1) 创建顶层容器(常用的为窗口对象)。

(2) 创建内容面板,设置其背景颜色,设置其布局管理器。

(3) 创建普通面板,设置其背景颜色,设置其位置、大小,设置其布局管理器。

(4) 创建组件,设置其背景颜色,设置其位置、大小、字体等。

(5) 将面板添加到窗口,将组件添加到指定面板。

(6) 创建事件监听器,实现事件接口方法。

(7) 给事件源注册监听器。

2.5　思考与练习

2.5.1　思考题

1. 图形用户界面与字符界面有什么不同?

2. 图形用户界面由什么构成? 分析它们的作用。

3. 本章使用了什么布局管理器? 简述常用布局管理器的特点。

4. 本章使用了哪些事件类与事件接口类? 简述使用监听器对象的步骤。

2.5.2　上机练习

1. 创建一个可以移动、改变大小、最大化、可变成图标、包含内容面板对象的且可以关闭的 JFrame 窗口类。

2. 在上题创建的窗口中添加标签、按钮、文本区组件,分别放置在窗口的上部、左部、中部等位置。

3. 为以上创建的窗口中的组件添加事件处理功能。要求在文本框中输入字符串,当按下回车键或单击按钮时,将输入的文字显示在文本区中。

4. 在上面创建的窗口的下部添加一个选项按钮,并能通过选择改变窗口的背景颜色。

5. 在窗口界面中编写一个模拟计算器,使用面板和网格布局,添加一个文本框,10 个数字按钮(0~9),4 个运算符按钮(加减乘除),一个等号按钮,一个清除按钮。要求将计算公式和结果显示在文本框中,如图 2.13 所示。

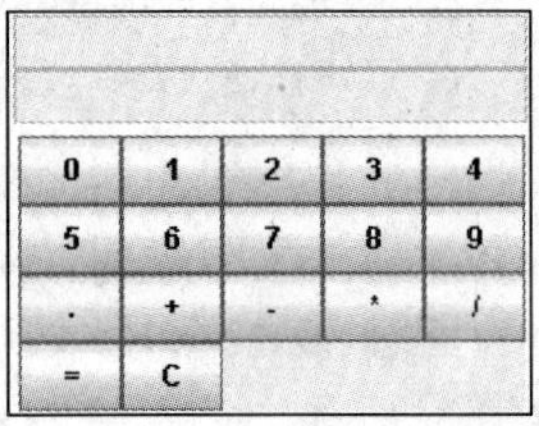

0	1	2	3	4
5	6	7	8	9
	+	-	*	/
=	C			

图 2.13 简单计算器

第

3 章

图形用户界面（下）

在第 2 章介绍了 Java 图形用户界面 Swing 类的一些基本组件，而 Java 的 Swing 类中还包含很多其他的组件，例如菜单栏、工具栏、树形菜单和 JApplet 等。使用这些组件可以构造出更复杂、功能更强大的 GUI 应用程序。

通过本章的学习，能够掌握：
- ✓ 创建菜单栏的方法
- ✓ 创建工具栏的方法
- ✓ 创建树形菜单的方法
- ✓ 创建选项卡面板的方法
- ✓ 在已有的对象上添加属性与功能的方法

3.1 菜单栏

菜单栏是图形用户界面的重要组成部分。通过菜单栏可以选择不同的菜单命令，执行不同的操作。菜单栏主要由菜单棒（MenuBar）、菜单（Menu）、菜单项（MenuItem）和复选菜单项（CheckboxMenuItem）等对象组成。

本节的任务是学习在窗口中创建菜单栏、多级菜单、快捷菜单和文件选择器的方法。

3.1.1 创建菜单栏

1. 问题的提出

图形用户界面中最常见的元素之一是菜单栏，那么如何用 Java 程序创建窗口上的菜单栏呢？

2. 解题方案

Java 程序的菜单栏是通过菜单棒（MenuBar）、菜单（Menu）、菜单项（MenuItem）3 个主要对象组成的。Swing 包中提供了 JMenuBar、JMenu、MenuItem 类，通过创建 JMenuBar、JMenu、MenuItem 类的实例对象，即可完成菜单栏的创建工作。

下面通过实例 3.1 介绍如何在窗口中添加一个菜单栏。

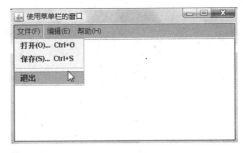

图 3.1 添加菜单栏的窗口

实例 3.1 本例在窗口中创建了一个包含"文件"、"编辑"、"帮助"菜单的菜单栏，窗口界面如图 3.1 所示。

解题步骤：

（1）在 EditPlus 主窗口文件编辑区输入如下代码。

```java
import java.awt. * ;
import javax. swing. * ;
public class JM extends JFrame  {
  JMenuBar mb = new JMenuBar();                          //创建菜单棒

  JMenu m1 = new JMenu("文件(F)");                        //创建菜单
  JMenuItem open = new JMenuItem("打开(O)... Ctrl + O");   //创建菜单项
  JMenuItem close = new JMenuItem("保存(S)... Ctrl + S");
  JMenuItem exit = new JMenuItem("退出");

  JMenu m2 = new JMenu("编辑(E)");
  JMenuItem copy = new JMenuItem("复制(C) Ctrl + C");
```

```
JMenuItem cut = new JMenuItem("剪切(T) Ctrl+X");
JMenuItem paste = new JMenuItem("粘贴(P) Ctrl+V");

JMenu m3 = new JMenu("帮助(H)");
JMenuItem content = new JMenuItem("目录");
JMenuItem index = new JMenuItem("索引");
JMenuItem about = new JMenuItem("关于");

Container c;
JTextArea editor = new JTextArea();
Font t = new Font("sanserif",Font.PLAIN,12);
JM() {
  super("使用菜单栏的窗口");
  setSize(400,300);
    try{UIManager.setLookAndFeel(UIManager.getSystemLookAndFeelClassName());
      } catch(Exception e) { System.err.println("不能设置外观的原因:"+e);}

  c = getContentPane();
  c.add(new JScrollPane(editor));

  addFileMenu();
  addEditMenu();
  addHelpMenu();
  addJMenuBar();
  setJMenuBar(mb);                      //显示菜单栏

  setVisible(true);
  setDefaultCloseOperation(JFrame.EXIT_ON_CLOSE);
}

  private void addFileMenu() {          //创建文件菜单的方法
    m1.add(open);                       //将菜单项加入到菜单中
    m1.add(close);
    m1.addSeparator();                  //将分隔条加入到菜单中
    m1.add(exit);
    m1.setFont(t);                      //设置菜单字体
  }
  private void addEditMenu() {          //创建编辑菜单的方法
    m2.add(copy);
    m2.add(cut);
    m2.addSeparator();
    m2.add(paste);
    m2.setFont(t);
  }

  private void addHelpMenu() {          //创建帮助菜单的方法
    m3.add(content);
    m3.add(index);
    m3.addSeparator();
```

```
        m3.add(about);
        m3.setFont(t);
    }
    private void addJMenuBar(){          //将菜单加入到菜单棒上的方法
        mb.add(m1);
        mb.add(m2);
        mb.add(m3);
        mb.setBackground(Color.cyan);
    }
    public static void main(String args[]) { new JM(); }
}
```

（2）保存新创建的源程序，编译源程序。

（3）运行程序，结果如图 3.1 所示。

3．归纳分析

（1）创建菜单棒对象的方式

菜单棒用来容纳菜单与菜单选项。创建菜单棒对象很简单，可通过 JMenuBar 类直接声明，例如：

```
JMenuBar mb = new JMenuBar();
```

（2）创建菜单与菜单项对象的方式

菜单棒上可以添加多个菜单，而一个菜单一般有多个菜单选项。创建菜单对象，可通过 JMenu 类直接声明；创建菜单项对象，可通过 JMenuItem 类直接声明，例如声明"文件"菜单，可使用下面的语句。

```
JMenu m1 = new JMenu("文件(F)");
```

声明"打开"、"保存"、"退出"菜单项，可使用下面的语句。

```
JMenuItem open = new JMenuItem("打开(O)... Ctrl + O");
JMenuItem close = new JMenuItem("保存(S)... Ctrl + S");
JMenuItem exit = new JMenuItem("退出");
```

（3）组合菜单栏对象的方式

创建的菜单项要添加到菜单上，例如：

```
m1.add(open); m1.add(close);   m1.addSeparator();
```

其中，addSeparator()方法用来添加一个分隔条。

创建的菜单名项要添加到菜单棒上，例如：

```
mb.add(m1);
```

（4）创建带滚动框架的文本区

Swing 提供的文本区类 JTextArea 不能自动出现滚动框，但是可将它融入 JScrollPane 滚动框架对象之中，例如：

```
JTextArea editor = new JTextArea();
new JScrollPane(editor);
```

即以 JTextArea 为参数创建滚动框对象 new JScrollPane(editor)即可得到带滚动框架的文本区了。

(5) 程序说明

本程序虽然较长,但设计方法很简单:首先创建菜单栏的各个组件对象,然后组装菜单栏。组装是指把菜单项对象加到菜单对象中,把菜单加到菜单棒对象上。在菜单对象中还可以加入分隔条。

为了清晰本程序,为创建各个菜单与组合菜单栏分别设计了一个方法,例如创建"文件"菜单的方法 addFileMenu()。所有这些操作语句都放在构造方法中也是可以的,但会使构造方法中的语句过多。为了达到同样效果,在构造方法中添加了执行这些方法的语句,例如:

```
addFileMenu();
```

(6) 菜单命令

每个菜单项都可以具有动作事件,可以产生键盘和鼠标单击事件。创建动作事件监听器实现事件接口方法,将监听器注册给菜单项,即可执行菜单命令完成事件处理方法中指定的工作。在实例 3.3 中将可以看到执行菜单命令的事件处理方法。

3.1.2 创建多级菜单

1. 问题的提出

在菜单中可以加入另外一个菜单,变成多级菜单,那么如何用 Java 程序创建多级菜单呢?

2. 解题方案

下面通过实例 3.2 介绍如何通过菜单与菜单项创建多级菜单。

实例 3.2 本程序创建的多级菜单如图 3.2 所示。

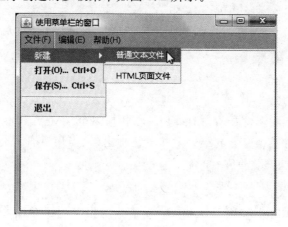

图 3.2 多级菜单

解题步骤：

（1）在 EditPlus 主窗口文件编辑区输入如下代码。

```
import java.awt. * ;
import javax.swing. * ;
public class JM2 extends JM {
  JMenu m11 = new JMenu("新建");
  JMenuItem i21 = new JMenuItem("普通文本文件");
  JMenuItem i22 = new JMenuItem("HTML 页面文件");
  JM2() {
    m1.add(m11,0);        //将菜单项 m11 加入到父类 m1(m1 即"文件"菜单)的第一位置上
    m11.add(i21);         //直接为二级菜单 m11 加入菜单项
    m11.addSeparator();
    m11.add(i22);         //直接为二级菜单 m11 加入菜单项
  }
  public static void main(String arg[]) { new JM2(); }
}
```

（2）保存新创建的源程序，编译源程序。

（3）运行程序，结果如图 3.2 所示。

3. 归纳分析

（1）创建多级菜单的步骤

① 创建菜单与菜单项对象。

② 将菜单项对象添加到菜单对象上。

③ 将菜单对象作为二级菜单添加到指定位置的一级菜单上，例如：

```
m1.add(m11,0);
```

这条语句将二级菜单 m11 加入到一级菜单 m1 的第一位置上。

（2）在原有菜单栏上添加新的菜单

本程序是实例 3.1 中创建的 JM 类的子类，在 JM 类的基础上添加了一个二级菜单"新建"，并定义了"新建"菜单项的二级菜单项。

本程序体现了类的继承性，在类的基础上添加了新的属性。

3.1.3   创建快捷菜单

1. 问题的提出

在图形用户界面中经常在右击时弹出一个快捷菜单，它是一种非常方便的菜单工具，平常弹出菜单依附在某个容器或组件上并不显现出来，当用户右击时它就会弹出来。如何用 Java 程序创建快捷菜单呢？

2. 解题方案

Swing 包中的弹出菜单类 JPopupMenu 是专门用来创建弹出菜单对象的。首先用 JPopupMenu 类创建弹出菜单对象，用菜单项类 JMenuItem 创建弹出菜单项对象，然后

将各个弹出菜单项对象添加到弹出菜单对象上就组成了弹出菜单对象。

下面通过实例 3.3 介绍如何创建弹出菜单。

实例 3.3　本例用来创建一个弹出菜单,并实现"复制"、"剪切"、"粘贴"的命令功能,窗口界面如图 3.3 所示。

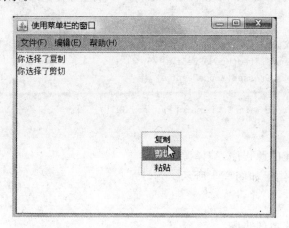

图 3.3　窗口中出现的弹出菜单

解题步骤:

(1) 在 EditPlus 主窗口文件编辑区输入如下代码。

```java
import java.awt.*;
import java.awt.event.*;
import javax.swing.*;
public class JM3 extends JFrame implements ActionListener, MouseListener {
    JM f = new JM();                              //创建具有菜单栏的窗口对象
    JPopupMenu pm = new JPopupMenu();             //创建弹出菜单对象
    JMenuItem item1 = new JMenuItem("复制");
    JMenuItem item2 = new JMenuItem("剪切");
    JMenuItem item3 = new JMenuItem("粘贴");

    JM3() {
        f.editor.add(pm);                         //将弹出式菜单加入到文本区中

        pm.add(item1);                            //创建弹出菜单的选项
        pm.add(item2);
        pm.add(item3);
        item1.addActionListener(this);            //注册菜单项的鼠标事件监听器
        item2.addActionListener(this);
        item3.addActionListener(this);
        f.editor.addMouseListener(this);          //注册文本区的鼠标事件监听器

    }

    public void actionPerformed(ActionEvent e) {
    f.editor.append("你选择了" + e.getActionCommand() + "\n");
```

```
    }
    public void mouseReleased(MouseEvent e) {
        if (e.isPopupTrigger())                    //判断是否按下鼠标右键
            pm.show(f.editor, e.getX(), e.getY());   //显示弹出式菜单
    }
    public void mouseClicked(MouseEvent e) {}
    public void mouseEntered(MouseEvent e) {}
    public void mouseExited(MouseEvent e) {}
    public void mousePressed(MouseEvent e) {}

    public static void main(String arg[]) { new JM3();  }
}
```

（2）保存新创建的源程序，编译源程序。

（3）运行程序，结果如图 3.1 所示。

3. 归纳分析

（1）创建弹出菜单的步骤

弹出式菜单对象由 JPopupMenu 类创建。本程序中的弹出菜单有 3 个菜单项，被加入到了文本区 f. editor 中。

① 创建菜单类 JPopupMenu 实例对象与菜单项类 JMenuItem 实例对象，例如：

```
JPopupMenu pm = new JPopupMenu();    //创建弹出菜单对象
JMenuItem item1 = new JMenuItem("复制");
```

② 将菜单项对象添加到弹出菜单对象上，例如：

```
pm.add(item1);
```

③ 将弹出菜单对象添加到窗口的文本区对象上，例如：

```
f.editor.add(pm);
```

（2）为文本区、菜单项组件指定监听器，编写事件处理方法

本程序创建的 JM3 类实现了动作事件接口和鼠标事件接口，菜单项能产生动作事件。

（3）右击时产生的功能

isPopupTrigger()方法是用来判别是否右击了，当用户在文本区单击或右击时，触发一个 mousePressed 事件。在这个事件的处理方法中，右击才能使 isPopupTrigger()方法取真值，所以单击不会弹出菜单。

（4）弹出菜单的方法

弹出菜单对象的 show(f. editor, e. getX(), e. getY())方法有 3 个参数，第一个参数是包含弹出菜单的文本区对象，后两个参数是右击时的 x 和 y 位置，它们决定了弹出菜单的显示位置。

本程序创建了一个在实例 3.1 中创建的 JM 类的实例对象 f，在 JM3 类中又添加了

弹出菜单组件。

(5) 文本区默认的复制、粘贴、剪切功能

在以上创建的窗口的文本区中,都支持 Windows 系统中的复制、粘贴、剪切命令,例如,可直接将 Word 文件中的文字复制到窗口的文本区中。

3.1.4 文件选择器

1. 问题的提出

在菜单栏的"文件"菜单下有一个"打开"菜单选项,执行打开命令一般会出现一个文件选择对话框窗口,那么 Java 程序如何实现选择文件与打开文件呢?

2. 解题方案

Swing 包中的文件选择器类 JFileChooser 是 Java 提供的用来打开或保存文件的文件选择器组件,该组件可以显示当前计算机的文件与目录,也可以让用户打开或保存文件。

下面通过实例 3.4 介绍如何创建文件选择器。

实例 3.4 本例用来说明文件选择器对象与菜单栏对象结合的应用方式。

解题步骤:

(1) 在 EditPlus 主窗口文件编辑区输入如下代码。

```java
import java.io. * ;
import java.awt. * ;
import javax.swing. * ;
import java.awt.event. * ;
public class JM4 extends JM2{
  public JM4() {
    open.addActionListener(new ActionListener()  {
      public void actionPerformed(ActionEvent e) { loadFile(); }
    });
    close.addActionListener(new ActionListener() {
      public void actionPerformed(ActionEvent e) { saveFile(); }
    });
    exit.addActionListener(new ActionListener() {
      public void actionPerformed(ActionEvent e) { System.exit(0); }
    });
  }

void loadFile() {//打开文件方法
  JFileChooser fc = new JFileChooser();
  int r = fc.showOpenDialog(this);
  if(r == JFileChooser.APPROVE_OPTION) {
  File file = fc.getSelectedFile();
    try {
        editor.read(new FileReader(file),null);
```

```
        }catch(IOException e){}
    }
}

void saveFile() {              //保存文件方法
    JFileChooser fc = new JFileChooser();
    int r = fc.showSaveDialog(this);
    if(r == JFileChooser.APPROVE_OPTION) {
        File file = fc.getSelectedFile();
        try {
            editor.write(new FileWriter(file));
        }
        catch(IOException e){}
    }
}

    public static void main(String[] args)
    {
    JM4 d = new JM4();
    }
}
```

（2）保存新创建的源程序，编译源程序。

（3）运行程序，在"文件"下拉菜单中选择"打开"菜单选项，将出现"打开"对话框，如图 3.4(a)所示。可从中选择要打开的文件（最好是文本文件 txt 格式，其他格式文件会出现乱码），可在窗口的文本区看到打开的文件内容，如图 3.4(b)所示。

本程序还实现了"保存"文件的方法，可以将文本区中的内容保存为文本文件。

通过本程序可以看到窗口中一个逐步完善功能的菜单栏。本程序是 JM2 类的子类。

3. 归纳分析

（1）创建文件选择器对象

文件选择器对象直接由 JFileChooser 类创建，例如：

```
JFileChooser fc = new JFileChooser();
```

（2）文件选择器对象的常用方法

① 文件选择器具有 showOpenDialog(this)打开文件对话框方法，调用该方法时会出现一个标准的"打开"文件选择对话框，如图 3.4(a)所示。

② 文件选择器具有 showSaveDialog(this)保存文件对话框方法，调用该方法时会出现一个标准的"保存"文件选择对话框，如图 3.4(c)所示。

③ 文件选择器具有 getSelectedFile()返回选中文件的方法。

④ 文件选择器具有 JFileChooser.APPROVE_OPTION 字段，选择"确认"（yes、ok）后返回该值，其值为 0。

(a) "打开"对话框

(b) "文本区"中显示的文件

(c) "保存"对话框

图 3.4

3.2 工具栏

Swing 中的工具栏是一个很有用的组件，它可以显示文字或图像按钮，把一些常用的操作命令集中在工具栏上供用户使用。

本节的任务是学习如何使用 JToolBar 类创建包含图像按钮的工具栏。

1. 问题的提出

利用程度高的命令经常用图形表示作为按钮,配置在应用程序的主窗口中,这些按钮可以组成一个工具栏,如何用 Java 程序创建工具栏呢?

2. 解题方案

下面通过实例 3.5 介绍创建工具栏的步骤。

实例 3.5　本例在原来创建的具有菜单栏的窗口上添加了一个包含图片按钮的工具栏,窗口界面如图 3.5 所示。

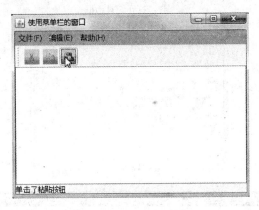

图 3.5　添加工具栏的窗口

解题步骤:

(1) 在 EditPlus 主窗口文件编辑区输入如下代码。

```java
import javax.swing. * ;
import java.awt. * ;
import java.awt.event. * ;

public class JM5 extends JM4 implements ActionListener {
  JToolBar toolBar;
  JButton b1,b2,b3;
  JLabel l = new JLabel("");
  public JM5() {
    b1 = new JButton(new ImageIcon("图片/3.gif"));
    b2 = new JButton(new ImageIcon("图片/4.gif"));
    b3 = new JButton(new ImageIcon("图片/5.gif"));
    b1.addActionListener(this);
    b2.addActionListener(this);
    b3.addActionListener(this);

    toolBar = new JToolBar();           //创建工具栏对象
    toolBar.add(b1);                    //向工具栏添加图片按钮
    toolBar.add(b2);
    toolBar.add(b3);
    c.add(toolBar,BorderLayout.NORTH);
```

```
        c.add(l,BorderLayout.SOUTH);
    }

    public void actionPerformed(ActionEvent e) {
        String s = "";
        if (e.getSource() == b1)      s = "单击了剪切按钮\n";
        else if (e.getSource() == b2)     s = "单击了复制按钮\n";
        else if (e.getSource() == b3)     s = "单击了粘贴按钮\n";
        l.setText(s);
    }

    public static void main(String[] args) { new JM5(); }
}
```

(2) 保存新创建的源程序,编译源程序。

(3) 运行程序,结果如图 3.5 所示。

3. 归纳分析

(1) 创建工具栏的步骤

① 创建工具棒类 JToolBar 实例对象与带有图形的按钮对象,例如:

```
JToolBar toolBar;
toolBar = new JToolBar();
JButton b1 = new JButton(new ImageIcon("图片/3.gif"));
```

② 将图形按钮对象添加到工具棒对象上,例如:

```
toolBar.add(b1);
```

(2) 基于 JM4 创建的子类 JM5

实例 3.5 中的应用程序创建的类 JM5 是 JM4 的子类,因此具有 JM4 的功能。只是在类 JM5 中又添加了多个 Swing 组件,如 JButton、JToolBar、JLabel 等,因此具有不同于 JM4 的功能。从类 JM5 可以看出,Java 子类与父类的关系,以及 Java 语言继承性的含义。

actionPerformed()方法是对工具栏命令按钮单击事件的响应,即单击一个按钮调用该方法后,对应的字符串将显示在文本区中。

(3) 工具栏摆放的位置

工具栏与菜单栏在窗口中摆放的位置是不同的,菜单栏直接设置在窗口框架上,工具栏却要安放在内容容器上。

3.3　树形菜单

树形菜单是通过 javax.swing.tree 包中的 JTree 类来实现的,它不仅可以用树状结构分层显示菜单信息,而且可以折叠使用,非常直观又清晰。它是一个比较复杂的组件,读者可以仔细阅读下面的例子了解创建树形菜单组件的方法与步骤。

本节的任务是学习树形菜单的创建与使用方法。

1. 问题的提出

在图形用户界面中经常看到树形菜单,树中有特定的节点,节点可以展开,也可以折叠。如何用 Java 创建树形菜单呢?

2. 解题方案

树形菜单可以使用 javax. swing. tree 包中的多个类来创建。下面通过实例 3.6 介绍创建树形菜单的步骤。

实例 3.6　本例在窗口中创建了一个树形结构菜单,如图 3.6 所示。

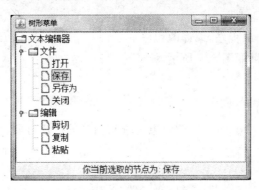

图 3.6　树形菜单窗口

解题步骤:

(1) 在 EditPlus 主窗口文件编辑区输入如下代码。

```java
import java.awt. * ;
import javax.swing. * ;
import javax.swing.tree. * ;
import javax.swing.event. * ;
public class Tree extends JFrame implements TreeSelectionListener{
    private JLabel label;

    public Tree(){
        super("树形菜单");setSize(400, 400);
        Container container = getContentPane();

        //创建根节点和子节点
        DefaultMutableTreeNode root = new DefaultMutableTreeNode("文本编辑器");
        DefaultMutableTreeNode node1 = new DefaultMutableTreeNode("文件");
        DefaultMutableTreeNode node2 = new DefaultMutableTreeNode("编辑");
        //利用根节点创建 TreeModel
        DefaultTreeModel treeModel = new DefaultTreeModel(root);
        //插入子节点 node1,node2
        treeModel.insertNodeInto(node1, root, root.getChildCount());
```

```
treeModel.insertNodeInto(node2, root, root.getChildCount());

//创建节点 node1 的叶节点并插入
DefaultMutableTreeNode leafnode = new DefaultMutableTreeNode("打开");
treeModel.insertNodeInto(leafnode, node1, node1.getChildCount());
leafnode = new DefaultMutableTreeNode("保存");
treeModel.insertNodeInto(leafnode, node1, node1.getChildCount());
leafnode = new DefaultMutableTreeNode("另存为");
treeModel.insertNodeInto(leafnode, node1, node1.getChildCount());
leafnode = new DefaultMutableTreeNode("关闭");
treeModel.insertNodeInto(leafnode, node1, node1.getChildCount());

//创建节点 node2 的叶节点并插入
leafnode = new DefaultMutableTreeNode("剪切");
treeModel.insertNodeInto(leafnode, node2, node2.getChildCount());
leafnode = new DefaultMutableTreeNode("复制");
treeModel.insertNodeInto(leafnode, node2, node2.getChildCount());
leafnode = new DefaultMutableTreeNode("粘贴");
treeModel.insertNodeInto(leafnode, node2, node2.getChildCount());

//创建树对象
JTree tree = new JTree(treeModel);
//设置 Tree 的选择模式为一次只能选择一个节点
tree.getSelectionModel().setSelectionMode(
                        TreeSelectionModel.SINGLE_TREE_SELECTION);
//注册监听器
tree.addTreeSelectionListener(this);

tree.setRowHeight(20);

//创建节点绘制对象
DefaultTreeCellRenderer cellRenderer =
                    (DefaultTreeCellRenderer)tree.getCellRenderer();
//设置字体
cellRenderer.setFont(new Font("Serif", Font.PLAIN, 14));
cellRenderer.setBackgroundNonSelectionColor(Color.white);
cellRenderer.setBackgroundSelectionColor(Color.yellow);
cellRenderer.setBorderSelectionColor(Color.red);

//设置选或不选时,文字的变化颜色
cellRenderer.setTextNonSelectionColor(Color.black);
cellRenderer.setTextSelectionColor(Color.blue);

container.add(new JScrollPane(tree));

//创建标签
label = new JLabel("你当前选取的节点为: ", JLabel.CENTER);
label.setFont(new Font("Serif", Font.PLAIN, 14));
container.add(label, BorderLayout.SOUTH);
```

```
        setVisible(true);
        setDefaultCloseOperation(JFrame.EXIT_ON_CLOSE);
    }

    //实现 TreeSelectionListener 接口的方法,处理 TreeSelectionEvent 事件
    public void valueChanged(TreeSelectionEvent event) {
        JTree tree = (JTree) event.getSource();
        //获取目前选取的节点
        DefaultMutableTreeNode selectionNode =
                (DefaultMutableTreeNode)tree.getLastSelectedPathComponent();

        String nodeName = selectionNode.toString();
        label.setText("你当前选取的节点为: " + nodeName);
    }

    public static void main(String args[]) {Tree d = new Tree(); }
}
```

（2）保存新创建的源程序，编译源程序。

（3）运行程序，结果如图 3.6 所示。

3. 归纳分析

树形菜单虽然在结构上与菜单栏类似，但在创建方式上与菜单栏的先创建菜单再创建菜单项组装的方式不同。树形菜单是按层次与模型创建的，具体内容可分为以下 4 点。

（1）创建根节点、子节点和叶节点对象

通过 DefaultMutableTreeNode 类可以创建根节点、子节点和叶节点对象，例如：

```
DefaultMutableTreeNode root = new DefaultMutableTreeNode("文本编辑器");
DefaultMutableTreeNode node1 = new DefaultMutableTreeNode("文件");
DefaultMutableTreeNode node2 = new DefaultMutableTreeNode("编辑");
```

可以定义根节点为 root、子节点为 node1、node2。

可以定义叶节点为 leafnode，同样名称的叶节点可以定义多个，例如：

```
DefaultMutableTreeNode leafnode = new DefaultMutableTreeNode("打开");
leafnode = new DefaultMutableTreeNode("保存");
leafnode = new DefaultMutableTreeNode("另存为");
leafnode = new DefaultMutableTreeNode("关闭");
```

（2）创建树形菜单模型

创建树形菜单还需要将创建的根节点、子节点和叶节点对象装配到树形菜单模型中，通过 DefaultTreeModel 类利用根节点创建树模型对象，然后通过 treeModel.insertNodeInto 方法将子节点对象插入树模型中，例如：

创建树模型，即创建根节点可以使用以下语句。

```
DefaultTreeModel treeModel = new DefaultTreeModel(root);
```

在树模型中插入子节点，可以使用以下语句。

```
treeModel.insertNodeInto(node1, root, root.getChildCount());
treeModel.insertNodeInto(node2, root, root.getChildCount());
```

在树模型的子节点中插入叶节点，可以使用以下语句。

```
treeModel.insertNodeInto(leafnode, node1, node1.getChildCount());
```

（3）创建树形菜单对象

创建树形菜单对象可以通过 JTree 类，例如：

```
JTree tree = new JTree(treeModel);
```

设置树形菜单 tree 的选择模式为一次只能选择一个节点，可以使用以下语句。

```
tree.getSelectionModel().setSelectionMode(
                        TreeSelectionModel.SINGLE_TREE_SELECTION);
```

（4）树形菜单的事件处理

在本程序 Tree 类要实现 TreeSelectionListener 类的方法 valueChanged(TreeSelectionEvent event)，该方法用来处理 TreeSelectionEvent 事件，即选择树形菜单节点时的事件处理方式。

JTree 类可以用 getLastSelectedPathComponent() 方法获取选择节点路径。

3.4　选项卡面板

在图形用户界面中经常看到选项卡面板，它可以将多个组件放置在同一界面的不同面板上展示。在窗口界面中用户可以选择不同的标签，在不同面板上显示不同组件内容。

本节的任务是学习选项卡面板的创建与使用方式。

1. 问题的提出

选项卡面板是由多个不同面板组成的，每个面板上可以摆放不同的组件。那么，如何用 Java 程序创建选项卡面板呢？

2. 解题方案

选项卡面板可以使用 javax. swing 包中的 JTabbedPane 类来创建，下面通过实例 3.7 介绍创建选项卡面板的方法。

实例 3.7　本例用来说明如何在窗口中创建一个选项卡面板，其界面如图 3.7 所示。

解题步骤：

（1）在 EditPlus 主窗口文件编辑区输入如下代码。

图 3.7　选项卡窗口

```java
import java.awt. * ;
import javax.swing. * ;
public class Jxxk extends JFrame {
private JTabbedPane tabbedPane;
private JLabel label1,label2,label3;
private JPanel panel1,panel2,panel3;
private JButton button1, button2, button3;

    public Jxxk() {
      super("选项卡窗口");setSize(400,300);

    Container c = getContentPane();
        tabbedPane = new JTabbedPane();//创建选项卡面板对象
        //创建标签与按钮
        label1 = new JLabel("第一个标签的面板",SwingConstants.CENTER);
        label2 = new JLabel("第二个标签的面板",SwingConstants.CENTER);
        label3 = new JLabel("第三个标签的面板",SwingConstants.CENTER);
        button1 = new JButton("按钮 1");
        button2 = new JButton("按钮 2");
        button3 = new JButton("按钮 3");
        //创建选项卡上使用的各个标签面板
        panel1 = new JPanel();
        panel2 = new JPanel();
        panel3 = new JPanel();
        //将组件添加到各个面板上并设置面板颜色
        panel1.add(label1);
        panel1.add(button1);
        panel2.add(label2);
        panel2.add(button2);
        panel3.add(label3);
        panel3.add(button3);

        panel1.setBackground(Color.yellow);
        panel2.setBackground(Color.blue);
        panel3.setBackground(Color.green);
        //将标签面板加入到选项卡面板对象上
        tabbedPane.addTab("标签 1",null,panel1,"First panel");
        tabbedPane.addTab("标签 2",null,panel2,"Second panel");
        tabbedPane.addTab("标签 3",null,panel3,"Third panel");
        tabbedPane.setBackground(Color.white);

        c.add(tabbedPane);
        c.setBackground(Color.white);

        setVisible(true);
        setDefaultCloseOperation(JFrame.EXIT_ON_CLOSE);
    }

    public static void main(String args[]) {Jxxk d = new Jxxk(); }
}
```

(2) 保存新创建的源程序,编译源程序。

(3) 运行程序,结果如图 3.7 所示。

3. 归纳分析

创建选项卡面板,可分为如下内容。

(1) 创建选项卡对象

通过选项卡类 JTabbedPane 可创建其实例对象,如实例 3.7 中以下语句。

```
private JTabbedPane tabbedPane;
tabbedPane = new JTabbedPane();
```

(2) 创建选项卡的各个面板对象

通过面板类 JPanel 创建多个实例对象,如实例 3.7 中以下语句。

```
private JPanel panel1,panel2,panel3;
panel1 = new JPanel();
panel2 = new JPanel();
panel3 = new JPanel();
```

(3) 创建各个面板对象使用的组件

```
private JLabel label1,label2,label3;
private JButton button1, button2, button3;
label1 = new JLabel("第一个标签的面板",SwingConstants.CENTER);
button1 = new JButton("按钮 1");
```

(4) 组装标签面板对象

添加组件到标签面板对象,如实例 3.7 中以下语句。

```
panel1.add(label1);
panel1.add(button1);
```

添加标签面板对象到选项卡对象,如实例 3.7 中以下语句。

```
tabbedPane.addTab("标签 1",null,panel1,"First panel");
```

其中,第 1 个参数指定标签面板名称,可以为 null;第 2 个参数指定标签面板图标名称,这里为 null;第 3 个参数指定添加的标签面板对象名称,可以为 null;第 4 个参数指定鼠标移到标签名称上显示的文字,可以为 null。

3.5 进度条

在安装新软件的时候经常会看到一个进度条,用于显示耗时较长的任务的时间进度。本节的任务是学习如何在窗口中创建进度条组件。

1. 问题的提出

如何用 Java 程序创建进度条呢?

2. 解题方案

进度条可以使用 javax.swing 包中的进度条类 JProgressBar 与计时器类 Timer 来创建,下面通过实例 3.8 介绍创建进度条的方法。

实例 3.8 本例介绍在窗口中添加进度条组件对象,窗口界面如图 3.8 所示。

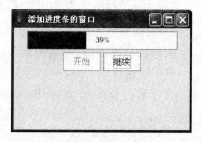

图 3.8 在窗口中添加的进度条组件

解题步骤:

(1) 在 EditPlus 主窗口文件编辑区输入如下代码。

```java
import java.awt. * ;
import javax.swing. * ;
import java.awt.event. * ;
public class Jjdt extends JFrame
{
    private JProgressBar progressBar;             //进度条
    private JButton startButton, stopButton;      //启动,暂停,继续按钮
    private Timer timer;                          //定时器
    public Jjdt()
    {
        super("添加进度条的窗口");
        setSize(300, 200);

        //获取内容面板
        Container container = getContentPane();
        //设置内容面板的布局管理器
        container.setLayout(new FlowLayout(FlowLayout.CENTER));
        container.setBackground(Color.YELLOW);

        //创建进度条
        progressBar = new JProgressBar();

        //设置最小值,最大值,初值
        progressBar.setMinimum(0);
        progressBar.setMaximum(100);
        progressBar.setValue(0);
        //显示进度条进度文本
        progressBar.setStringPainted(true);
        //显示进度条边框
        progressBar.setBorderPainted(true);

        //设置进度条大小,背景色,前景色
        progressBar.setPreferredSize(new Dimension(250,30));
        progressBar.setBackground(Color.WHITE);
        progressBar.setForeground(Color.BLUE);

        container.add(progressBar);
```

```
    //创建按钮
    startButton = new JButton("开始");
    stopButton = new JButton("暂停");
    //设置按钮背景颜色
    startButton.setBackground(Color.WHITE);
    stopButton.setBackground(Color.WHITE);
    //设置字体
    startButton.setFont(new Font("Serif", Font.PLAIN, 14));
    stopButton.setFont(new Font("Serif", Font.PLAIN, 14));

    stopButton.setEnabled(false);

    //注册监听器
    Timerh h = new Timerh();
    startButton.addActionListener(h);
    stopButton.addActionListener(h);

    container.add(startButton);
    container.add(stopButton);

    //创建定时器,时间间隔为50ms,并为定时器设置监听器
    timer = new Timer(50, h);

    setVisible(true);
    setDefaultCloseOperation(JFrame.EXIT_ON_CLOSE);
}

public static void main(String args[])
{
    Jjdt application = new Jjdt();
}

class Timerh implements ActionListener
{
    //处理定时器事件
    private int value = 0;
    public void actionPerformed(ActionEvent event)
    {
        if(event.getSource() == timer)
        {
            value = progressBar.getValue();
            if( value < 100)
                {
                value ++ ;
                    progressBar.setValue(value);
                }
                else
                {
                    timer.stop();
```

```
                        startButton.setEnabled(true);
                        stopButton.setEnabled(false);
                    }
                }
                else if(event.getSource() == startButton)
                {
                    if(progressBar.getValue() >= 100)
                    progressBar.setValue(0);
                    timer.start();
                    startButton.setEnabled(false);
                    stopButton.setEnabled(true);
                }
                else if(event.getActionCommand().equals("暂停"))
                {
                    timer.stop();
                    stopButton.setText("继续");
                }
                else if(event.getActionCommand().equals("继续"))
                {
                    timer.restart();
                    stopButton.setText("暂停");
                }
            }
        }                      //Timerh 类结束
}
```

（2）保存新创建的源程序，编译源程序。

（3）运行程序，结果如图 3.8 所示。

3. 归纳分析

（1）创建进度条对象可使用的构造方法

① JProgressBar()：用于创建一个新的进度条组件对象。

② JProgressBar(int x, int y)：用于创建一个新的进度条组件对象，并指定进度条的最小值 x 与最大值 y。

③ JProgressBar(int z, int x, int y)：用于创建一个新的进度条组件对象，并指定进度条的方向为 z，进度条的最小值 x 与最大值 y。创建的新进度条的默认方向为水平方向，可使用类常量 SwingConstants.HORIZONTAL 指定为纵向。例如：

```
private JProgressBar progressBar;
progressBar = new JProgressBar();
```

创建了一个默认进度的、水平方向的进度条。

（2）进度条对象常用的方法

① void setMininum(int m)：用于设置进度条的最小值为 m。

② void setMaximum(int m)：用于设置进度条的最大值为 m。

③ void setValue(int m)：用于设置进度条当前的值为 m。

④ void setStringPainted(boolean b)：用于设置进度条是否显示进度百分比。

⑤ int getNumberofFiles()：用于设置跟踪已复制的文件个数的代码，并将值传递给进度条。

(3) 进度条组件对应的处理按钮事件的接口

按钮事件的接口为 ChangeListener。

(4) 创建计时器对象

计时器组件使用 Timer 类进行构造的方法如下：

```
Timer( int t, ActionListener e)
```

其中，第 1 个参数为每一次触发事件的时间间隔，第 2 个参数用于指定所要触发的事件。例如：

```
private Timer timer;
timer = new Timer(50, h);
```

(5) 计时器对象常用的方法

① void start()：用于激活 Timer 组件对象。

② void stop()：用于停止 Timer 组件对象。

③ void restart()：用于重新激活 Timer 组件对象。

④ void setRepeats(boolean b)：设置 Timer 组件对象是否重复多次触发事件。

3.6　表格

本节的任务是学习表格对象的创建与使用方式。

1. 问题的提出

在实际应用中常用表格存放或显示一些相关联的数据，例如，可以用表格显示一组学生的学号、姓名、班级以及不同课程的成绩，那么如何用 Java 程序创建表格来显示数据呢？

2. 解题方案

Java 的表格组件可以用来在窗口中显示一个二维的表格对象，在表格中可以显示不同的数字。创建表格组件可以使用 javax.swing 包中的表格类 JLabel 来创建，下面通过实例 3.9 介绍创建表格的方法。

实例 3.9　本例用来说明在窗口中创建一个表格对象，添加表格后的窗口界面如图 3.9 所示。

解题步骤：

(1) 在 EditPlus 主窗口文件编辑区输入如

图 3.9　带有表格的窗口

下代码。

```java
import java.awt. * ;
import javax.swing. * ;

public class JTb1 extends JFrame{
  JTable table;
    public JTb1() {
    super("带有表格组件的窗口");
        setSize(400, 300);
        try  {UIManager.setLookAndFeel(UIManager.getSystemLookAndFeelClassName());
        }catch(Exception e){}
    Container c = getContentPane();
        //创建表值
    Object[][] data = {
    {"082520", "张平", "03A01", 80,90, 95,(80 + 90 + 95)},
    {"082521", "李红", "03A02",88, 90,90, (88 + 90 + 90)}
    };
        String[] 列名 = {"学号", "姓名", "班级", "数学", "体育", "英语", "总分"};
        table = new JTable(data,列名);    //创建表格对象
          c.add(new JScrollPane(table));
        setVisible(true);
        setDefaultCloseOperation(JFrame.EXIT_ON_CLOSE);
    }
    public static void main(String args[]) {
        JTb1 d =  new JTb1();
    }
}
```

（2）保存新创建的源程序，编译源程序。

（3）运行程序，结果如图 3.9 所示。

3. 归纳分析

（1）通过本程序可知，要创建表格对象，先要创建一个字符串一维数组变量"列名"，用来确定表格的列名，然后要定义一个二维对象数组 data，用来确定表格相应位置的数值；最后使用 JTable 类的构造方法 JTable(列值，列名)创建出表格对象。

（2）同文本区组件一样，表格对象需要一个滚动框架，其组合对象需要添加在窗口框架的内容面板上。

（3）表格组件比较复杂，使用时可先到 Sun 网站查找其属性与方法。

3.7　总结提高

通过本章的应用程序可以总结出创建容器与组件的基本步骤如下：

（1）创建顶层容器（常用的为窗口对象）。

（2）创建内容面板,设置其背景颜色和布局管理器。

（3）创建普通面板,设置其背景颜色、位置、大小和布局管理器。

（4）创建组件,设置其背景颜色、位置、大小、字体等。

（5）将面板添加到窗口,将组件添加到指定面板。

（6）创建事件监听器,实现事件接口方法。

（7）给事件源注册监听器。

3.8　思考与练习

3.8.1　思考题

1. 向窗口添加菜单有哪几个步骤?

2. 如何为菜单添加分隔线?

3. 指出以下程序的错误,并加以改正。

```
import javax.swing. * ;
import java.awt. * ;

public class LayoutFrame {
    public static void main(String args[]) {
        JFrame frame = new JFrame("LayoutFrame");
        JButton buttonYes = new JButton("Yes");
        JButton buttonNo = new JButton("No");
        frame.getContentPane().add(buttonYes);
        frame.getContentPane().add(buttonNo);
        frame.setVisiable(ture);
    }
}
```

4. JApplet 与 Applet 有什么不同?

3.8.2　上机练习

1. 创建一个名称为“简单编辑器”的窗口,在窗口中添加一个带有滚动条的文本区。

2. 在“简单编辑器”窗口添加一个带有“文件”菜单(包含“打开”、“保存”、“退出”子菜单,菜单项之间加入分隔线)的菜单栏。

3. 编写事件处理方法,当单击窗口中的“文件”菜单及其子菜单时,能够真正打开“文件”对话框以选择文件或保存文本区文本为一个文本文件,单击“退出”菜单能够关闭窗口。

4. 在"简单编辑器"窗口的菜单栏上再添加一个带有"编辑"菜单(包含"剪切"、"复制"、"粘贴"子菜单,菜单项之间加入分隔线)的栏目,并使菜单具有"剪切"、"复制"、"粘贴"的功能。

5. 在"简单编辑器"窗口中添加一个带有包含"剪切"、"复制"、"粘贴"图片按钮的工具栏,单击图片按钮具有"剪切"、"复制"、"粘贴"的功能。

6. 创建一个带有事件处理方法的表格对象。

第 4 章

Java 的多线程机制

　　单线程的程序从头到尾都是按顺序执行语句的,在程序开始至结束的这一段时间内只做一件事情,而这种方式会使高效的 CPU 很多时间都被闲置。为了更好地利用CPU 的资源,Java 语言提供了多线程机制,可以使一个程序在一段时间内同时做多件事情。

学习目标

通过本章的学习,能够掌握:
- ✓ 进程与线程的概念
- ✓ 多线程与多任务的概念
- ✓ Java 的多线程机制
- ✓ 编写包含多线程机制的 Java 程序的方法
- ✓ 实现线程同步机制的方法
- ✓ 使用线程实现动画效果的方法

4.1　多线程的概念

本节的任务是了解程序、进程、多任务、线程与多线程的概念。

1. 程序、进程和多任务

（1）程序

程序（program）是数据描述与操作代码的集合，是应用程序执行的脚本。

（2）进程

进程（process）是程序的一次执行过程，是操作系统运行程序的基本单位。程序是静态的，进程是动态的。系统运行一个程序是一个进程从创建、运行到消亡的过程。

操作系统可以为一个程序同时创建多个进程。例如，同时打开两个记事本文件。操作系统为每一个进程分配有自己独立的一块内存空间和一组系统资源，即使同类进程之间也不会共享系统资源。

（3）多任务

多任务是指在一个系统中可以同时运行多个程序，即可以有多个独立运行的任务，而每一个任务对应一个进程。例如，一边使用 Word 程序编写文档，一边使用音乐播放器播放音乐。

实际上，一个 CPU 在同一时刻只能执行一个程序中的一条指令，多任务运行的并发机制是使这些任务交替运行。因间隔时间短，所以感觉上就是多个程序在同时运行。如果是多个 CPU，可以同时执行相应个数的任务。

2. 线程

运行一个程序时，程序内部的代码都是按顺序先后执行的。如果能够将一个进程划分为更小的运行单位，则程序中一些彼此相对独立的代码段可以重叠运行，将会获得更高的执行效率。线程就是解决这个问题的。

线程是比进程更小的运行单位，一个进程可以包含多个线程。

线程是一种特殊的多任务方式。当一个程序执行多线程时，可以运行两个或更多个由同一个程序启动的任务。这样，一个程序可以使得多个活动任务同时发生。例如 Java 推出的 HotJava 浏览器，用户可以一边浏览网页一边下载新网页，可以同时显示动画和播放音乐。

线程与程序一样，有开始语句、一系列可执行的命令序列和结束语句。在执行的任何时刻，线程只有一个执行点。线程与程序不同的是其本身不能运行，它只能包含在程序中，并且只能在程序中执行。一个线程在程序运行时，必须争取到为自己分配的系统资源，如执行堆栈、程序计数器等。

3. 多线程

单个线程没有什么特别的意义，真正有用的是具有多线程的程序。

多线程是相对于单线程而言的，指的是在一个程序中可以定义多个线程并同时运行它们，每个线程可以执行不同的任务。与进程不同的是，同类多线程共享一块内存空间和一组系统资源,所以,系统创建多线程花费单价较小,进而线程也被称为轻负荷进程。

多线程和多任务是两个既有联系又有区别的概念,多任务是针对操作系统而言的,代表着操作系统可以同时执行的程序个数;多线程是针对一个程序而言的,代表着一个程序内部可以同时执行的线程个数,而每个线程可以完成不同的任务。

4. 线程的生命周期与 Java 的多线程机制

(1) 线程的生命周期与状态

同进程一样,一个线程也有从创建、运行到消亡的过程。这个过程称为线程的生命周期。线程在使用过程中有创建(New)、可运行(Runnable)、在运行(Running)、挂起(Not Runnable)、死亡(Dead)5 种状态,称为线程生命周期的 5 个阶段。

① 创建阶段:在使用 new 操作符创建并初始化线程对象后,此时线程已经分配到内存空间和所需要的资源。

② 可运行阶段:在使用线程对象的 start 方法后,进入线程队列,排队等待 CPU 的使用权,一旦获得 CPU 的使用权,就开始独立运行。

③ 在运行阶段:获得 CPU 使用权后,正在执行线程对象的 run 方法。

④ 挂起阶段:一个正在执行的线程对象,因为某种特殊原因或需要执行输入/输出操作时,将让出 CPU 的使用权,线程进入挂起状态。挂起状态的线程不能加入 CPU 使用权的等候队列,必须等到挂起原因消除后,才可以去排队。

⑤ 死亡阶段:线程执行 run 方法最后一句并退出,或线程被强制死亡,即使用 stop 方法与 destory 方法。

(2) Java 的多线程机制

很多计算机编程语言需要利用外部软件包来实现多线程,而 Java 语言则内在支持多线程,所有的类都是在多线程思想下定义的。Java 的每个程序自动拥有一个线程,称为主线程。当程序加载到内存时,启动主线程。加载其他线程时,程序要使用 Thread 类(专门用来创建和控制线程的类)和 Runnable 接口。

java.lang 中的线程类 Thread 封装了所有需要的线程操作控制,提供了很多方法用来控制一个线程的运行、休眠、挂起或停止,这就是 Java 的多线程机制。

使用 Java 的多线程机制编程可将程序的任务分解为几个并行的子任务,通过线程的并发执行来加速程序运行,提高 CPU 的利用率。例如,在网络编程中,有很多功能可以并发执行。网络传输速度一般较慢,用户输入速度也较慢,因此可以设计两个独立线程分别完成这两个任务而不影响正常的显示或其他功能。又例如,在编写动画程序时,可以用一个线程进行延时,让另一个线程在延时中准备要显示的画面,以实现完美的动画显示。

4.2　创建线程对象

本节的任务是学习如何编写带有多线程对象的 Java 程序。

本节将学习两种创建线程对象的方法。一种方法是通过继承线程类 Thread 来创建线程对象；另一种方法是通过实现 Runnable 接口来创建线程对象。

4.2.1　通过继承 Thread 类创建线程对象

1. 问题的提出

如何通过线程类 Thread 创建一个带有线程对象的 Java 程序呢？

2. 解题方案

下面通过实例 4.1 来说明如何通过继承线程类 Thread 来创建一个带有线程对象的
Java 程序。

实例 4.1　本程序由两个类构成，一个是通过继承 Thread 类创建的内部线程子类
testThread，一个是主类 Thread1，其中创建了两个线程对象 t1 和 t2，它们的任务是输出
当前线程的状态。

解题步骤：

（1）在 EditPlus 主窗口文件编辑区输入如下代码。

```java
class Thread1 {
  public static void main(String args[]) {
    testThread t1 = new testThread("线程 1");
    testThread t2 = new testThread("线程 2");
    t1.start();
    t2.start();
  }
}

class testThread extends Thread {
  public testThread(String str) {
    super(str);            // 调用父类的构造方法为线程对象命名
  }
  public void run() {
    for (int i = 0; i < 2; i ++) {
    System.out.println(getName() + "在运行阶段");
    try {
      sleep(1000);         // 用休眠 1000 毫秒来区分哪个线程在运行
      System.out.println(getName() + "在休眠阶段");
    } catch (InterruptedException e) {}
    }
    System.out.println(getName() + "已结束");
  }
}
```

（2）保存新创建的源程序，编译源程序。

（3）运行程序，结果如图 4.1 所示。

3. 归纳分析

（1）创建线程对象

因为运行 Application 应用程序时是通过调用 main 方法，因此要运行线程对象必须

```
---------- 运行 ----------
线程1在运行阶段
线程2在运行阶段
线程2在休眠阶段
线程2在运行阶段
线程1在运行阶段
线程1在休眠阶段
线程1在休眠阶段
线程1已结束
线程2在休眠阶段
线程2已结束

输出完成 (耗时: 2 秒) - 正常终止
```

```
---------- 运行 ----------
线程1在运行阶段
线程2在运行阶段
线程2在休眠阶段
线程2在运行阶段
线程1在运行阶段
线程1在休眠阶段
线程2在休眠阶段
线程2已结束
线程1在休眠阶段
线程1已结束

输出完成 (耗时: 2 秒) - 正常终止
```

图 4.1 两次运行多线程程序的结果

在 main 方法内创建和启动线程对象。

main 本身也是一个线程,是 Java 程序自动拥有的一个线程,称为主线程。

在实例 4.1 的 main 方法中根据 testThread 类创建了两个线程对象 t1 与 t2。

(2) 运行线程对象

通过调用 Thread 类的 start 方法可以启动线程对象,例如:

```
t1.start();
```

(3) 通过 Thread 类创建线程子类的格式

线程类可以通过继承 Thread 类来创建,格式为

```
class 线程类名 extends Thread
{
   public void run()
      {
         程序语句
      }
}
```

(4) 设计线程类的 run 方法

通过继承 Thread 类创建线程类时必须编写 run 方法,因为 Thread 类的 run 方法是空的。run 是线程类的关键方法,线程的所有活动都是通过它来实现的。当调用线程对象时通过 start 方法自动调用 Thread 类 run 方法,通过 run 方法使创建线程的目的得以实现。

run 方法的作用如同 Application 应用程序的 main 主方法一样。

由实例 4.1 可以看出,创建线程类的主要任务就是设计 run 方法。一旦创建线程对象,由 start 方法开始一个线程,然后即可调用 run 方法,执行 run 中的所有语句。run 方法执行完毕,这个线程也就结束了。

(5) 多线程的运行效果

从实例 4.1 的运行结果可以看出两个线程的名字是交替显示的,这是因为两个线程是同步的,故两个 run 方法也同时被执行。每一个线程运行到输出语句时将在屏幕上显示自己的名字,执行到 sleep 语句时将休眠 1000 毫秒(1 秒)。线程休眠时并不占用 CPU,其他线程可以继续运行。一旦延迟完毕,线程将被唤醒,继续执行下面的语句。这样,它们就实现了交替显示。由此可以看出,线程语句的顺序只是决定了线程产生的顺序,线程的执行顺序是由操作系统调度和控制的。因此,每次运行程序时线程的顺序是不

同的(可参见图 4.1 所示的两次程序运行结果)。

4.2.2 通过 Runnable 接口创建线程对象

1. 问题的提出

为什么要通过 Runnable 接口创建线程对象呢? 不是可以通过线程类创建线程对象吗?

如果一个类是由其他类继承的,如继承的 Applet 类,此时就不能再继承 Thread 类来创建线程了,但可以通过接口 Runnable 创建线程。接口 Runnable 是一个抽象接口,接口中只声明了一个未实现的 run 方法。

2. 解题方案

下面通过实例 4.2 来说明如何通过实现接口 Runnable 来创建一个带有线程对象的 Java 程序。

实例 4.2 本例用来说明通过 Runnable 接口创建线程对象 clockThread 的过程。clockThread 线程的任务是在页面动态显示当前的时间。

解题步骤:

(1) 在 EditPlus 主窗口文件编辑区输入如下代码。

```java
import java.awt. * ;
import javax.swing. * ;
import java.util. * ;
import java.text.DateFormat;

public class Clock2 extends JApplet implements Runnable {
  Thread clockThread = null;

  public void init() {
    setBackground(Color.blue);
    setForeground(Color.yellow);
  }

  public void start() {
    if (clockThread == null) {
      clockThread = new Thread(this,"Clock2");   //创建线程对象 clockThread
      clockThread.start();
    }
  }

  public void run() {                            //实现 Runnable 接口的 run()方法
    Thread myThread = Thread.currentThread();    //创建线程对象 myThread
    while (clockThread == myThread) {
      repaint();
      try {
        Thread.sleep(1000);
```

```
    }
      catch (InterruptedException e) { }
    }
  }

  public void paint(Graphics g) {
    Date date = new Date();
    DateFormat formatter = DateFormat.getTimeInstance();
    String str = formatter.format(date);
    g.drawString(str,5,10);
  }

  public void stop() {
    clockThread = null;
  }
}
```

（2）保存新创建的源程序 Clock2.java，编译源程序。

（3）在 EditPlus 主窗口文件编辑区输入如下代码。

```
<html>
<applet code = "Clock2.class" height = 200 width = 400>
</applet>
</html>
```

（4）保存网页文件 Clock2.html。

（5）在浏览器中运行程序 Clock2.html，结果如图 4.2 所示。

图 4.2　通过线程动态显示当前时间的结果

3. 归纳分析

（1）实现接口 Runnable

与实现其他接口的方式相同，在创建主类时通过关键字 implements 来实现 Runnable 接口，例如：

```
public class Clock2 extends Applet implements Runnable
```

（2）设计线程类的 run 方法

接口 Runnable 的 run 方法是空方法，这是为了可以根据需要设计线程应执行的任务，本例中 run 方法是这样设计的。

首先创建另一个线程对象 myThread，然后根据关系表达式进行判断。如果当前线程是 clockThread，进入循环体，在循环中先执行 repaint 方法调用 paint 方法显示系统当前时间。接着令线程休眠 1000 毫秒，此时线程将停止运行。休眠结束后线程自动被唤醒，如果 CPU 可用，将继续运行这个线程，否则将排队等待。如果当前线程不是 clockThread，线程进入死亡状态。

（3）clockThread 线程对象的不同状态

① 创建状态

在 Applet 的 start 方法中用 new 操作符创建了一个线程对象 clockThread。

```
clockThread = new Thread(this,"Clock2");
```

线程对象 clockThread 在创建状态时，只是一个空线程，已经分配有内存与系统资源。此时，该线程除了可以调用 start 方法开始线程外，不能调用其他方法，否则将产生 IllegalThreadStateException 异常。

② 可运行状态

调用线程的 start 方法后，线程将进入线程队列等候 CPU 的使用权。此时，该线程转入 Runnable 可运行状态。由于大部分计算机只有一个 CPU，不可能同时运行所有处于 Runnable 状态的线程，操作系统将建立一个线程队列，让这些线程以排队的方式轮流使用 CPU。

③ 运行状态

执行线程 start 方法后，调用 run 方法进入运行线程状态。run 方法是用来执行线程任务的关键方法。

④ 死亡状态

实例 4.2 是通过结束循环来结束线程的。通常可以设计线程自然死亡，如实例 4.1 通过定义循环次数自然结束线程。

在实例 4.2 中，进入循环的条件是 clockThread == myThread，可是怎样结束线程呢？当把这个 Applet 嵌入网页后，用户关闭这个网页时，Applet 的 stop 方法将被调用。

```
public void stop() { clockThread = null;}
```

在这里 clockThread 被赋值 null，破坏了循环条件，因此循环终止，线程死亡。

（4）创建当前运行线程对象的方法

在本程序实现接口 Runnable 的 run 方法中，通过 Thread 类的 currentThread 方法创建了一个当前运行的线程对象 myThread。

```
Thread myThread = Thread.currentThread();
```

myThread 对象可用来代表当前运行的线程对象，它会根据系统当前运行的线程自动变换。

4.2.3　线程的优先级

1. 问题的提出

尽管从概念上说线程能同步运行，但事实上存在着差别。对于只有一个 CPU 的计算机而言，一个时刻只能运行一个线程。如果有多个线程处于可运行状态，谁先运行呢？

2. 解题方案

可以通过队列方式来解决，即排队等待 CPU 资源，线程先排队进行等候，CPU 资源根据"先到先服务"的原则确定线程排队顺序。

Java 为了使有些线程可以提前得到服务,给线程设置了优先级。在单个 CPU 上运行多线程时采用线程队列技术,Java 虚拟机支持固定优先级队列,一个线程的执行顺序取决于线程的优先级。

下面通过实例 4.3 来说明线程优先级的使用方式。

实例 4.3 使用线程的优先级。本程序创建了 4 个线程,其中第 2 个线程 t[1]的优先级设为最小,第 4 个线程 t[3]的优先级设为最大,其他两个为默认优先级。这些线程各自进行 1000000 次加法运算,循环结束后输出有关信息。每次执行的结果可能不相同,但第 4 个线程总是被最先执行。

解题步骤:

(1) 在 EditPlus 主窗口文件编辑区输入如下代码。

```
class Thread2 extends Thread {
  public static void main(String args[]) {
    Thread2[] t = new Thread2[4];
    for(int i = 0; i < 4; i++) t[i] = new Thread2();
    t[3].setPriority(10);
    t[1].setPriority(1);
    for(int i = 0; i < 4; i++) t[i].start();
  }

  public void run() {
    for(int i = 0; i < 1000000; i++);
    System.out.println(getName() + "线程的优先级是 " + getPriority() + " 已计算完毕!");
  }
}
```

(2) 保存新创建的源程序,编译源程序。

(3) 运行程序,结果如图 4.3 所示。

```
---------- 运行 ----------
Thread-3线程的优先级是 10 已计算完毕!
Thread-2线程的优先级是 5 已计算完毕!
Thread-0线程的优先级是 5 已计算完毕!
Thread-1线程的优先级是 1 已计算完毕!
```

图 4.3 具有优先级的线程

3. 归纳分析

(1) 线程的优先级

线程的优先级分为 1~10 个级别。线程在创建时,继承了父类的优先级。

(2) 改变线程优先级的方法

线程创建后,可以在任何时刻调用 setPriority 方法改变线程的优先级,例如:

```
t[1].setPriority(1);
```

(3) 线程优先级的 3 个常数

Thread 还定义了 3 个常数指定优先级。

① MAX_PRIORITY,为最大优先级(值为 10)。

② MIN_PRIORITY,为最小优先级(值为 1)。

③ NORM_PRIORITY,为默认优先级(值为 5)。

4.3 Java 的线程同步机制

本节的任务是学习生产消费模型,通过这个模型来理解 Java 的线程同步机制。

4.3.1 生产消费模型

1. 问题的提出

前面的线程例子都是独立的,而且异步执行,也就是说每个线程都包含了运行时所需要的数据和方法,不需要外部资源,也不用关心其他线程的状态和行为。但有些同时运行的线程需要共享数据,例如两个线程同时存取一个数据,其中一个对数据进行了修改,而另一个线程使用的仍是原来的数据,这就带来了数据不一致问题。那么如何在编程时考虑其他线程的状态和行为,实现资源共享呢?

2. 解题方案

Java 提供了同步机制来解决这个问题。共享资源可以通过添加 synchronized(同步化)关键字来锁定对象,执行单一线程,使其他线程不能同时调用同一个对象。

下面通过实例 4.4 来说明同步机制的使用方式。

实例 4.4 本例提供一个不同步的生产消费模型。使用某种资源的线程称为消费者,产生或释放这个资源的线程称为生产者。生产者生成 10 个整数(0～9),存储到一个共享对象 Share 中,并把它们分别打印出来。每生成一个数就随机休眠 0～100 毫秒,然后重复这个过程。一旦这 10 个数可以从共享对象中得到,消费者将尽可能快地消费这10 个数,即把它们取出后打印出来。这个模型由 3 个不可执行类与 1 个可执行类组成。

解题步骤:

(1) 创建共享资源类 Share,在 EditPlus 主窗口文件编辑区输入如下代码。

```java
public class Share {
    private int u;                          //数据变量
    public int get(){ return u; }           //取数据方法
    public void put(int value){ u = value; }  //写数据方法
}
```

(2) 创建生产者类 Producer,在 EditPlus 主窗口文件编辑区输入如下代码。

```java
public class Producer extends Thread {
    private Share shared;
    public Producer(Share s) { shared = s; }  //构造方法
    public void run() {
        for ( int i = 0; i < 10; i ++ ) {
            shared.put(i);
```

```
        System.out.println("生产者" + "的生产数据为: " + i);
        try { sleep((int)(Math.random() * 100)); } catch (InterruptedException e) {}
        }
    }
}
```

（3）创建消费者类 Consumer，在 EditPlus 主窗口文件编辑区输入如下代码。

```
public class Consumer extends Thread {
    private Share shared;
    public Consumer(Share s) { shared = s; }
    public void run() {
        int value = 0;
        for (int i = 0; i < 10; i ++) {
            value = shared.get();
            System.out.println("消费者" + "拿到的生产数据为: " + value);
        }
    }
}
```

（4）创建运行模型的主类 PCmx，在 EditPlus 主窗口文件编辑区输入如下代码。

```
public class PCmx {
    public static void main(String[] args) {
        Share s = new Share();
        Producer p = new Producer(s);
        Consumer c = new Consumer(s);
        p.start();
        c.start();
    }
}
```

（5）分别按顺序编译以上 4 个程序，保证它们在一个文件夹下，即可运行 PCmx 类，其运行结果如图 4.4 所示。

（6）出现的问题

在生产消费模型中，生产者向共享对象 Share 存入数据，消费者从 Share 中取出数据。但从运行结果图 4.4 中可以看出，消费者拿到的生产数据都是 0。程序无法保证生产者线程存入一个数据，消费者线程就取出这个数据。

分析一下可能发生的情况：一种情况是生产者比消费者速度快，那么在消费者还没有取出上一个数据之前，生产者又存入了新数据，于是，消费者很可能会跳过上一个数据。另一种情况则相反，当消费者比生产者速度快，消费者可能两次取出同一个数据，如图 4.4 就是这种情况。

这两种情况都不是程序所希望的。程序希望生产者存入一个数，消费者取出的就是这个数。为了避免上述情况发生，就必须锁定生产者线程，当它向共享对象中存储数据时禁止消费者线程从中取出数据，反之也一样。因此，只要将共享对象 Share 中的 put 和 get 分别定义为同步化方法就可达到这个目的。同步的数据如图 4.5 所示。

```
--------- 运行 ---------
生产者  当前的生产数据为: 0
消费者  目前拿到的生产数据为: 0
消费者  目前拿到的生产数据为: 0
消费者  目前拿到的生产数据为: 0
消费者  目前拿到的生产数据为: 0
消费者  目前拿到的生产数据为: 0
消费者  目前拿到的生产数据为: 0
消费者  目前拿到的生产数据为: 0
消费者  目前拿到的生产数据为: 0
消费者  目前拿到的生产数据为: 0
生产者  当前的生产数据为: 1
生产者  当前的生产数据为: 2
生产者  当前的生产数据为: 3
生产者  当前的生产数据为: 4
生产者  当前的生产数据为: 5
生产者  当前的生产数据为: 6
生产者  当前的生产数据为: 7
生产者  当前的生产数据为: 8
生产者  当前的生产数据为: 9
```

```
--------- 运行 ---------
生产者  当前的生产数据为: 0
消费者  目前拿到的生产数据为: 0
生产者  当前的生产数据为: 1
消费者  目前拿到的生产数据为: 1
生产者  当前的生产数据为: 2
消费者  目前拿到的生产数据为: 2
生产者  当前的生产数据为: 3
消费者  目前拿到的生产数据为: 3
生产者  当前的生产数据为: 4
消费者  目前拿到的生产数据为: 4
生产者  当前的生产数据为: 5
消费者  目前拿到的生产数据为: 5
生产者  当前的生产数据为: 6
消费者  目前拿到的生产数据为: 6
生产者  当前的生产数据为: 7
消费者  目前拿到的生产数据为: 7
生产者  当前的生产数据为: 8
消费者  目前拿到的生产数据为: 8
生产者  当前的生产数据为: 9
消费者  目前拿到的生产数据为: 9
```

图 4.4 不同步的数据运行的结果   **图 4.5 同步的数据**

那么,该如何实现同步呢?

(7) 通过 synchronized 锁定方法实现同步

改写共享资源类 Share,通过 synchronized 锁定其 get()与 put(int value)方法,改写的 Share 类如下所示。

```java
public class Share {
    private int u;
    private boolean available = false;

    public synchronized int get() {
        while (available == false) { try { wait(); } catch (InterruptedException e) {}
        }
        available = false; notifyAll(); return u;
    }

    public synchronized void put(int value) {
        while (available == true) { try { wait(); } catch (InterruptedException e) {
        }
        u = value; available = true; notifyAll();
    }
}
```

运行 PCmx 类,结果如图 4.5 所示,可实现同步的目标。

3. 归纳分析

(1) 锁定与解锁的过程

修改后的 Share 仍利用 put 和 get 方法来写入和读取数据,但通过关键字 synchronized 锁定了方法。它是如何保证方法被锁与解锁的呢?

① wait 和 notifyAll 方法

在 put 和 get 方法中使用了 wait 和 notifyAll 方法。wait 和 notifyAll 是 Object 类的

方法,可以直接引用。wait 方法用来使线程进入短暂休眠,notifyAll 方法用来唤醒线程。

② available 变量的信号作用

available 变量初始值为 false。

当消费者线程调用共享对象的 get 方法时,如果 available 变量为 false,表明生产者没有写入新数据,线程进入循环并调用 wait 方法进行等待。一旦生产者写入了新数据,available 的值变为 true,同时唤醒消费者线程退出等待循环体,此时,消费者线程将把 available 变量重新改为 false,然后唤醒等待的线程。最后,返回 u,它包含最新写入的数据。

当生产者线程第一次调用共享对象的 put 方法时,available 变量为 false,线程将跳过循环并将第一个数据写入 u 变量,然后将 available 变量值改为 true,并通过 notifyAll 方法通知消费者线程可以取数据了。再次调用 put 方法时,如果 available 变量值为 true,表明消费者没有取走数据,线程将进入循环并调用 wait 方法等待。一旦消费者取走上一个数据,available 的值变为 false,线程也会被唤醒并退出循环,继续后面的工作。

可见 available 变量如同一个信号灯,available 的值为 false 时生产者运行,available 的值为 true 时消费者运行。

（2）关键字 synchronized 的作用

关键字 synchronized 用于声明在任何时候都只能有一个线程可以执行的一段代码或一个方法。它有两种用法:锁定一个对象变量,或者锁定一个方法。

生产消费模型是通过锁定方法实现同步化过程的。

4.3.2　共用公司银行账户模型

1. 问题的提出

假设有一个 100 名雇员的公司,该公司在银行设立了一个公共的账号,每个雇员都可以在任何时间在账号中存钱和取款。如果不进行同步可能会使得账号上的资金数目弄错,如何保证每个雇员可以共享公司公共的银行账号,随时存钱和取款而不出错呢?

2. 解题方案

下面通过添加 synchronized（同步化）关键字来锁定对象,执行单一线程,使其他线程不能同时调用同一个对象。

实例 4.5　共用公司银行账户模型。本程序要使用锁定对象的方式使线程同步。本模型包含 3 个独立类:银行账户类、取款线程类和存款线程类。

解题步骤:

（1）创建银行账户类 Account1,在 EditPlus 主窗口文件编辑区输入如下代码。

```
class Account1{
    private String name;
    private int value;
    void put(int i) { value = value + i; }      //存入金额 i 的方法,存入时,value 值增加
```

```java
int get(int i) {                         //取金额 i 的方法,返回实际取到金额
    if (value > i) value = value - i;    //取走时,value 值减少
    else{ i = value; value = 0; }        //金额不够取时,取走全部所余金额,设置金额 i 为 0
    return i;
}
int howmatch(){ return value;}           //查看账户上现有金额方法
}
```

（2）创建取款线程类 Fetch，在 EditPlus 主窗口文件编辑区输入如下代码。

```java
class Fetch extends Thread {
    private Account1 a1;
    private int amount;
    public Fetch(Account1 a1, int amount) {
        this.a1 = a1 ;
        this.amount = amount;
    }
    public void run(){
        synchronized (a1) {                   //锁定账户对象
            int k = a1.howmatch();
            try {sleep(1);}                    //花费时间
            catch(InterruptedException e) {System.out.println(e); }
            System.out.println("现有" + k + ", 取走" + a1.get(amount) + ", 余额" + a1.
            howmatch());
        }
    }
}
```

（3）创建存款线程与执行线程类 Save，在 EditPlus 主窗口文件编辑区输入如下代码。

```java
class Save extends Thread {
    private Account1 a1;
    private int amount;
    public Save(Account1 a1, int amount) {this.a1 = a1; this.amount = amount;}
    public void run(){
        synchronized (a1) {                   //锁定账户对象
        int k = a1.howmatch();
        try{sleep(1); }                        //花费时间
        catch(InterruptedException e) { System.out.println(e); }
        a1.put(amount);
        System.out.println("现有" + k + ", 存入" + amount + ", 余额" + a1.howmatch());}
    }
    public static void main (String args[]) {
        Account1 a1 = new Account1();
        (new Save(a1,1000)).start();
        (new Save(a1,200)).start();
        (new Fetch(a1,500)).start();
    }
}
```

（4）存款线程类 Save 为可执行类。运行 Save 类，可创建存入 2000 元，存入 200 元存款对象和一个取出 500 元的取款对象。运行结果如图 4.6 所示。

```
---------- 运行 ----------
现有0, 存入1000, 余额1000
现有1000, 取走500, 余额500
现有500, 存入200, 余额700
```

图 4.6　公司共用银行账户模型

3. 归纳分析

（1）锁定对象变量

本模型使用 synchronized 关键字在线程类的 run 方法中锁定了账户对象 a1，保证同一时间内只有一个线程可以获取这个对象变量。

（2）同步对象

使用 synchronized 关键字锁定对象变量后，该线程只有在获得共享资源对象后，方可运行。这就使得任何时刻都只有一个获得共享资源对象的程序在运行，其他线程在获得共享资源对象前处于等待状态。这种方式称为"同步对象"。

当第一个线程执行带有同步对象的代码时，就获得了使用该对象的使用权，或称拥有该对象的锁。当线程执行完代码时，自动释放锁，等待的下一个线程获得锁并开始运行。

4.4　用线程实现动画效果

在 Java 中出于网络实用的目的，常使用线程来实现动画的效果。本节的任务是学习如何通过线程实现动画效果。

4.4.1　动画的基本概念

1. 动画的基本原理

动画是通过连续播放一系列图像画面，给视觉造成连续变化的图像图画。它的基本原理与电影电视一样，都是视觉原理。医学证明，人类具有"视觉暂留"的特性，就是说人的眼睛看到一幅画或一个物体后，在 1/24 秒内不会消失。利用这一原理，在一幅画还没有消失前播放下一幅画，就会给人造成一种流畅的视觉变化效果。当投影机以每秒 24 幅的速度投射在银幕上，或录像机以每秒 30 幅的方式在电视荧屏上呈现影像时，它会把每幅不同的画面连接起来，从而在脑中产生物体在"运动"的印象。如果以每秒低于 24 幅画面的速度拍摄播放，就会出现"停顿"现象。

动画大师诺曼·麦克拉伦（Norman Mclaren）说过这样的话：动画不是"会动的画"的艺术，而是"画出来的运动"的艺术。

2. 基本概念

（1）帧

动画是一幅幅图像组成的，这一幅幅的图像就称为帧。

（2）关键帧

关键帧是传统动画制作中的一个概念,即按照动画的顺序表现动作变换时的图像画面。关键帧的多少取决于动画的难易程度,也就是动画对象动作变换的复杂程度。只要有动作的变换,就必须设计关键帧。

（3）帧速率

每秒所显示的动画帧数被称为帧速率或显示速率,用字母"fgs"表示。动画的显示速率不是固定的,它取决于传送动画的介质。目前,电影一般采用每秒 24 幅画面的速度拍摄播放(即帧速率为 24fgs),而在录像带上,每秒钟所显示的动画为 30 幅,帧速率为 30fgs。

4.4.2　跳伞的动画效果

1. 问题的提出

通过动画原理可以发现,动画的效果是由不同图像快速显示构成的,能否通过线程实现动画的效果呢?

2. 解题方案

下面设计一个简单的动画,一个跳伞运动员在蔚蓝的天空中从上到下移动。

这个动画效果可以这样实现:创建一个 JApplet 类,其中创建两个 Image 对象 t1(充当天空的背景图像)和 t2(运动员跳伞图像),在 init 方法中分别加载天空与跳伞图像文件并将这两个对象关联起来。

在 paint 方法中,天空图像总是画在指定位置(0,0),而跳伞图像的画出位置(210−x,x)在不停地改变。因为 x 的值是不断变化的,用来改变跳伞的画出位置,从而实现跳伞图像从上到下的移动效果。

为了使跳伞图像实现动画效果要使用 Thread 类的 sleep 方法(因为 Thread 类是属于 Java. lang 包的类,其 sleep 静态类方法可直接调用),而 sleep 方法会产生中断异常,所以必须放在 try...catch 块中。

如果不使用 sleep 方法,程序将全速运行,必将导致换帧速度太快,画面闪烁严重。休眠时间设定为 50 毫秒,相当于换帧速度 20(1000÷50)。休眠结束后 x 的值加 5,意味着下一帧跳伞画面的显示位置向左、向下移动 5 个点。当跳伞移动到最右边即 210 点位置时,将 x 赋值 5,跳伞重新回到了起点。

paint 方法的最后一条语句需要调用 repaint 方法。repaint 方法的功能是重画图像,它先调用 update 方法将显示区清空,再调用 paint 方法画出图像。这就形成了一个循环,paint 调用了 repaint,而 repaint 又调用了 paint,使跳伞不间断地来回移动。这样,就实现了动画的效果。下面通过实例 4.6 来说明用线程实现的动画效果。

图 4.7　空中跳伞动画

实例 4.6　空中跳伞动画,结果如图 4.7 所示。

解题步骤：

（1）创建 JApplet 类 DMT3，在 EditPlus 主窗口文件编辑区输入如下代码。

```
import java.awt. * ;
import javax.swing. * ;

public class DMT3 extends JApplet {
  Image t1, t2; int x = 10;

  public void init() {
    t1 = getImage(getCodeBase(),"图片/天空.JPG");
    t2 = getImage(getCodeBase(),"图片/伞.gif");
  }

  public void paint(Graphics g) {
    g.drawImage(t1,0,0,this);
    g.drawImage(t2,210 − x,x,this);
    try { Thread.sleep(50); x += 5;
      if (x == 210) { x = 5; Thread.sleep(1000); }
    } catch (InterruptedException e) {}
    repaint();
  }
}
```

（2）保存新创建的源程序 DMT3.java，编译源程序。

（3）在 EditPlus 主窗口文件编辑区输入如下代码。

```
< html >
< applet code = " DMT3.class" height = 200 width = 400 >
</applet >
</html >
```

（4）保存网页文件 DMT3.html。

（5）在浏览器中运行程序 DMT3.html，结果如图 4.7 所示。

3. 归纳分析

运行这个 JApplet 时，画面有闪烁现象。一般来说，画面越大，update 以背景色清除显示区所占用的时间就越长，不可避免地会产生闪烁。为了达到平滑而又没有闪烁的动画效果，应该考虑采取一些补救措施。例如，通过覆盖 update 方法可以降低闪烁，但不能消除它。

4.4.3　球的动画效果

1. 问题的提出

通过线程还有其他方式来实现动画效果吗？

2. 解题方案

下面设计一个简单的动画，一个球在桌面上上下跳动。

这个动画效果可以这样实现：创建一个 JApplet 类，其中创建 10 个 Image 对象用来显示画面的关键帧，用独立线程连续显示一个图像序列以实现球在跳动的动画效果。

实例 4.7　用独立线程实现球的动画效果，跳动效果如图 4.8 所示。

解题步骤：

（1）准备图片

本程序要加载 10 个图像（T1.jpg～T10.jpg），它们分别显示小球不同时间的高度和状态，要先存放在"程序/图片"目录下。

图 4.8　跳动的球

（2）创建 JApplet 类 DMT4，在 EditPlus 主窗口文件编辑区输入如下代码。

```
import java.awt. * ;
import javax.swing. * ;

public class DMT4 extends JApplet implements Runnable {
    Image img[ ] = new Image[10];
    Image buffer;
    Graphics gContext;
    Thread t;
    int index = 0;

    public void init() {
        buffer = createImage(getWidth(),getHeight());
        gContext = buffer.getGraphics();
        for (int i = 0;i < 10;i + + )
            img[i] = getImage(getCodeBase(),"图片/" + "T" + (i + 1) + ".JPG");
    }

    public void start() {
        if (t = = null) { t = new Thread(this); t.start(); }
    }

    public void stop() { if (t! = null) t = null; }

    public void run() {
        while(true) {
            gContext.drawImage(img[index],100,20,this);
            repaint();
            try { t.sleep(50); } catch (InterruptedException e) {}
            gContext.clearRect(100,20,100,100);
            index = + + index % 10;
        }
    }
}
```

```
public void paint(Graphics g) { g.drawImage(buffer,0,0,this); }

public void update(Graphics g) { paint(g); }
}
```

（3）保存新创建的源程序 DMT4.java,编译源程序。

（4）在 EditPlus 主窗口文件编辑区输入如下代码。

```
< html >
< applet code = " DMT4.class" height = 200 width = 400 >
</applet >
</html >
```

（5）保存网页文件 DMT4.html。

（6）在浏览器中运行程序 DMT4.html,结果如图 4.8 所示。

3. 归纳分析

（1）通过线程的 run 方法实现动画效果

程序实现了 Runnable 接口中的 run 方法,这是一个和 JApplet 同时运行的线程。对线程的控制由 JApplet 的 start 和 stop 方法完成,JApplet 运行时,要在 start 方法中启动线程,JApplet 停止时,要在 stop 方法中停止线程。运行程序就可以看到球在不停地跳动。

（2）使用图形双缓冲技术消除闪烁现象

程序中使用了图形双缓冲技术。使用 createImage 方法按照 JApplet 图像的宽度和高度创建屏幕缓冲区,调用 getGraphics 方法创建缓冲区的绘图区。

在 paint 方法中通过 gContext.drawImage 方法改变图像输出方向,图像被画在了屏幕缓冲区内。由于屏幕缓冲区不可见,使得画面交替时的闪烁现象也不可见。当屏幕缓冲区上的画图完成以后,再调用 g.drawImage(buffer,0,0,this)方法将整个屏幕缓冲区复制到屏幕上。这个过程是直接覆盖,不会产生闪烁。

图形双缓冲技术实际上是创建了一个不可见的后台屏幕,进行幕后操作,图像画在后台屏幕上,画好之后再复制到前台屏幕上。这种技术圆满解决了画面交替时的闪烁,但图像显示速度变慢,内存占用较大。使用线程可以解决其缺点。

对图像的操作全部放在 run 方法的永恒循环当中。首先调用 gContext 的 drawImage 方法把当前图像画在屏幕缓冲区内,怎样把它显示在屏幕上呢? 是在 paint 方法中把屏幕缓冲区复制到屏幕上。

但 paint 方法一般无法直接调用,因为要传递给它一个图形参数 g,所以通过调用 repaint 方法来间接调用 paint 以完成屏幕复制。

repaint 方法无参数,它需要调用 update 方法,由 update 方法调用 paint 方法并传递 g 参数,即一个线程负责准备图像而另一个线程负责显示图像的动画方法。接下来,线程休眠 50 毫秒,然后清除屏幕缓冲区中的图像,将图像下标加 1 并取模。如果不清除屏幕缓冲区中的图像,将会出现图像重叠。下标加 1 后求余数,可保证取值范围总是 0～9。

4.5　总结提高

4.5.1　线程类的方法

1. 线程类的方法

以下是 Thread 类的静态方法，即可以直接通过 Thread 类调用的方法。

CurrentThread()：返回正在运行的 Thread 对象名称。

sleep(int n)：让当前线程休眠 n 毫秒。

2. 实例方法

以下是 Thread 类的对象方法，即只能通过 Thread 的对象实例来调用的方法。

activeCount()：返回该线程组中当前激活的线程的数目。

checkAccess()：检测当前线程是否可以被修改。

destroy()：终止一个线程，不清除其他相关内容。

getName()：返回线程的名称。

getPriority()：返回线程的优先级。

interrupt()：向一个线程发送一个中断信息。

interrupted()：检查该线程是否被中断。

isAlive()：检查线程是否处于激活状态。

isDaemon()：检查该线程是否常驻内存。

isInterrupted()：检查另一个线程是否被中断。

join(long)：中止当前线程，等待 long 毫秒调用该方法的线程完成后再继续本线程。

join(long,int)：中止当前线程，等待 long 毫秒，int 纳秒，中止调用该方法的线程，再继续本线程。

join()：中止当前线程，等待调用该方法的线程完成后再继续本线程。

resume()：重新开始执行该线程。

run()：整个线程的入口。

setDaemon()：将该线程设置为 Daemon(常驻内存)。

setName(String)：设置线程的名称。

setPriority(int)：设置线程的优先级。

sleep(long)：使一个线程休眠 long 毫秒。

sleep(long,int)：使一个线程休眠 long 毫秒 int 纳秒。

start()：启动一个线程，这个线程将自动调用 run 方法。同时，在新的线程开始执行时，调用 start 的那个线程将立即返回执行主程序。

stop()：终止一个线程。

stop(Throwable)：终止一个线程，该线程是由 Throwable 类继承过来的。

suspend()：暂停线程的执行。

toString()：返回一个字符串。

yield()：挂起当前线程,使其他处于等待状态的线程运行。

4.5.2　控制线程的状态

通过线程的方法可以控制线程的状态。

1. 挂起一个线程

在程序运行中可能需要挂起一个线程而不指定多少时间。例如,你创建了一个含有动画线程的小程序,也许你让用户可以暂停动画直到他们想恢复为止。也就是说,你并不想将动画线程扔掉,但想让它停止。这就可用 suspend()方法来控制：t1. suspend(),t1为线程对象名称。在想运行线程时,用 resume()方法重新激活线程：t1. resume()。

2. 停止一个线程

用 stop()方法可以停止线程的执行：t1. stop()。

注意　　这并没有消灭这个线程,只是停止了线程的执行,但这个线程不能用 t1.start()重新启动。

3. 线程休眠

如果让线程停止运行几毫秒可使用 sleep(long)方法,正如实例 4.2 中使用过的sleep(1000)。

4. 连接线程

使用 join()方法可以中止当前线程,等待调用该方法的线程完成后再继续本线程。

5. 暂停线程

调用 yield()方法可以暂停某个正在运行的线程的运行,使其处于可运行状态。此时其他线程可继续运行。但是若无其他线程运行,则继续运行该线程。

6. 中断线程

如果要中断一个运行中的线程可使用 interrupt()方法：t1. interrupt()。要运行该线程可使用 t1. start()重新启动。

7. 了解线程的状态

如果要知道线程处于什么状态,可通过线程的 isAlive()方法,它将返回线程当前的状态。如果返回值为 true,说明线程处于 Runnable 或 Not Runnable 状态；如果返回值为 false,说明线程处于 New Thread 或 Dead 状态,但都无法进一步区分具体状态。

4.5.3　两种创建线程对象方法的比较

本章介绍了两种创建线程的方法,一种通过继承线程类 Thread 来创建线程对象；另一种通过实现 Runnable 接口来创建。

（1）由继承 Thread 类创建线程对象简单方便，可以直接操作线程，但不能再继承其他类。

（2）在继承其他类的类中用 Runnable 接口创建线程对象，可保持程序风格的一致性。

4.5.4　使用多线程应注意的问题

不是所有的任务都需要多线程，某些任务可以使用多线程，例如数据计算、数据查询以及输入的获得。因为这些任务通常都被认为是后台任务，不直接与用户打交道。在Java 语言程序设计中，动态效果的程序会使用多线程，例如，动画的播放、动态的字幕等。

任何事情都不是完美的，多线程也不例外。在程序中使用多线程是有代价的，它会对系统产生以下影响。

（1）线程需要占用内存。

（2）线程过多，会消耗大量 CPU 时间来跟踪线程。

（3）必须考虑多线程同时访问共享资源的问题，如果没有协调好，就会产生令人意想不到的问题，如可怕的死锁和资源竞争。

（4）因为同一个任务的所有线程都共享相同的地址空间，并共享任务的全局变量，所以程序也必须考虑多线程同时访问全局变量的问题。

4.6　思考与练习

4.6.1　思考题

1. Java 语言中的线程和多线程指的是什么？
2. 在 Java 程序中如何创建一个线程？
3. 用继承的方法创建一个多线程程序。
4. 使用接口 Runnable 创建一个多线程程序。
5. Java 的同步机制有什么作用？
6. 下面有关线程的叙述正确的有（　　）。
    A. 一旦一个线程被创建，它就立即开始运行
    B. 使用 start()方法可以使一个线程成为可运行的，但是它不一定立即开始运行
    C. 当一个线程因为抢先机制而停止运行，它被放在可运行队列的前面
    D. 一个线程可能因为不同的原因停止运行并进入就绪状态
7. 方法 resume()负责恢复（　　）的执行。
    A. 通过调用 stop()方法而停止的线程
    B. 通过调用 sleep()方法而停止运行的线程

C. 通过调用 wait()方法而停止运行的线程

D. 通过调用 suspend()方法而停止运行的线程

4.6.2　上机练习

1. 指出以下程序段的错误,重写之并上机运行。

```
class WhatHappens implements Runnable {
    public static void main(String[] args) {
        Thread t = new Thread(this);
        t.start();
    }
    public void run() {
        System.out.println("hi");
    }
}
```

2. 能否在生产消费模型中使用 synchronized 关键词锁定资源对象以达到同步的目的,请重写程序,并在机上进行试验。

3. 创建一个 JApplet 类,通过线程实现人在行走的动画效果。

第5章

数据库访问

现在每一个人的生活几乎都离不开数据库。如果没有数据库,很多事情就会变得非常棘手,也许根本无法做到。银行、大学和图书馆就是几个严重依赖数据库系统的地方。数据库通常都安装在称为数据库服务器的计算机上,而通过 Java 程序可以使用保存在数据库中的数据。

学习目标

通过本章的学习,能够掌握:
- ✓ SQL 的基本概念
- ✓ SELECT 查询语句的使用方法
- ✓ INSERT INTO 添加语句的使用方法
- ✓ UPDATE 更新语句的使用方法
- ✓ DELETE 删除语句的使用方法
- ✓ Access 数据库的功能与作用
- ✓ 创建 Access 数据库表对象并在其中保存数据的方法
- ✓ ODBC 与 JDBC 的概念
- ✓ 通过 Java 程序使用数据库中数据的方法
- ✓ 通过 Java 窗口界面使用数据库中数据的方法

5.1　结构化查询语言 SQL

SQL 是 Structured Query Language 结构化查询语言的缩写,用于对存放在计算机数据库中的数据进行组织、管理和检索的一种工具。SQL 用于一种特定类型的数据库——关系数据库。

控制关系数据库的计算机程序称为 DBMS-数据库管理系统,譬如 SQL Server、Oracle、Sybase、DB2、MySQL、Access 等。当用户想要检索数据库中的数据时,需要通过 SQL 发出请求,DBMS 会对该 SQL 请求进行处理并检索所要求的数据,最后将其结果返回给用户。此过程被称为数据库查询,这也就是数据库查询语言这一名称的由来。SQL 是目前使用最广的、标准的数据库语言。它使得在数据库中存取或更新信息变得十分容易。

本节的任务是学习 SQL 的基本语法知识。

5.1.1　SELECT 查询语句

1. 问题的提出

SQL 通过什么方式来查找存放在数据库表中的数据呢?

2. 解题方案

SQL 通过 SELECT 查询语句来查找存放在数据库表中的数据。

查询是 SQL 语言的核心,于是用于表达 SQL 查询的 SELECT 语句是功能最强也是最为复杂的 SQL 语句,它从数据库中检索数据,并将查询结果提供给用户。

假设有一个名为 DB 的数据库,库中存放一个叫 S 的用户情况表,其中存放的数据如表 5.1 所示。

表 5.1　用户情况表 S

姓名	性别	工资	年龄	电话	居住地区
李一	男	1000	21	1111	上海
吴二	女	2000	22	2222	北京
张三	男	3000	23	3333	成都
李四	女	4000	24	4444	广州
王五	男	5000	25	5555	大连
赵六	女	6000	26	6666	天津
马七	男	7000	27	7777	郑州

在表 5.1 中有 6 列即 6 个字段:姓名、性别、工资、年龄、电话、居住地区,下面看看如何用 SELECT 语句对 S 表中的内容进行查询。

实例 5.1 如果要找出 S 表中所有姓名、性别和工资的数据,可用下面的 SELECT 语句。

```
SELECT 姓名,性别,工资 FROM S
```

查询结果如表 5.2 所示。

表 5.2 查询结果

姓名	性别	工资
李一	男	1000
吴二	女	2000
张三	男	3000
李四	女	4000
王五	男	5000
赵六	女	6000
马七	男	7000

实例 5.2 如果要找出 S 表中所有男性的姓名和工资的内容,可用下面的 SELECT 语句。

```
SELECT 姓名,性别,工资 FROM S WHERE 性别 = " 男 "
```

查询结果如表 5.3 所示。

表 5.3 有选择的查询结果

姓名	性别	工资
李一	男	1000
张三	男	3000
王五	男	5000
马七	男	7000

实例 5.3 本例是一个稍微复杂一点的查询。如果要找出 S 表中年龄大于和等于 24 岁的所有女性的姓名、工资、电话和居住地区,并且按工资排序,可用下面的 SELECT 语句。

```
SELECT 姓名,工资,电话 FORM S WHERE 年龄>= 24 AND 性别 = "女" ORDER BY 工资
```

查询结果如表 5.4 所示。

表 5.4 复杂的查询结果

姓名	工资	电话	居住地区
李四	4000	4444	广州
赵六	6000	6666	天津

3. 归纳分析

(1) SELECT 语句的语法格式

SELECT 语句用来从数据库表中检索出满足条件表达式要求的数据项,归纳可得

SELECT 的语法格式为

> SELECT 数据项 1,数据项 2,... FROM 表名 WHERE 条件表达式 ORDER BY 排序选项

（2）SELECT 语句的结构成分

从上面 3 个例子可以看到，用来实现查询目标的 SELECT 语句和英文语法相似，分析一下它的结构，SELECT 语句可以分为 4 个成分子句：SELECT 子句（查询内容）、FROM 子句（查询对象）、WHERE 子句（查询条件）和 ORDER BY 子句（输出方式）。

（3）SELECT 子句

SELECT 子句列出所有要求 SELECT 语句检索的数据项。它放在 SELECT 语句开始处，指定此查询要检索的数据内容。这些数据内容通常用选项表示，即一组用"，"隔开的多个选项。按照从左到右的顺序，每个选项产生一列查询结果，一个选项可能是以下项目。

① 字段名——标识 FROM 子句指定表中的字段。如果字段名作为选择项，则 SQL 直接从数据库表中每行取出该列的值，再将其放在查询结果的相应行中。

② 常数——在查询结果的每行中都放上该常数值。

③ 表达式——在查询结果每行中放入按表达式计算的值。

（4）FROM 子句

FROM 子句列出查询数据的源表，它由关键字 FROM 后跟一组用逗号分开的表名组成。每个表名都代表一个查询所要检索数据的表。这些表称为此 SQL 语句的表源，因为查询出的数据结果都源于它们。

（5）WHERE 子句

WHERE 子句告诉 SQL 选择查询某些行中的数据，这些行用搜索条件描述。

（6）ORDER BY 子句

ORDER BY 子句用来指定查询结果数据的排序方式。如果省略此子句，则查询结果将是无序的。添加 ASC 属性以升序（从小到大）排列，而添加 DESC 属性以降序（从大到小）排列。

（7）GROUP BY 子句

GROUP BY 子句指定在查询结果的每行中都放上汇总数据，即不是对按行产生一个查询结果，而是将满足汇总条件的行进行分组，对每组产生一个汇总数据。

（8）HAVING 子句

HAVING 子句告诉 SQL 只产生按 GROUP BY 得到的某些组的结果。和 WHERE 子句用来指定搜索行一样，HAVING 子句用来指定搜索组的条件。

5.1.2 SQL 的运算符与常用函数

1. SQL 的运算符

SQL 可以使用关系运算符、特殊运算符、逻辑运算符、函数组成条件表达式来进行灵活多样的查询。在这里使用的条件表达式与 Java 中用比较运算符组成的表达式是一致的。

（1）关系运算符

一般通过关系运算符连接一个值来表示查询条件。

- ＝(等于)，例如，字段名＝"男"。
- ＜＞(不等于)。
- ＜(小于)，例如，字段名＜70。
- ＜＝(小于等于)。
- ＞(大于)。
- ＞＝(大于等于)，例如，字段名＞＝ 20。

（2）特殊运算符

- IN(字段值列表)按列表中的值查找，例如，字段名 IN("李明"，"王平"，"张海")，表示查询该字段中包含"李明"、"王平"、"张海"在内的记录。
- BETWEEN 初值 AND 尾值 ，例如，字段名 BETWEEN 1 AND 100，表示查询该字段中 1～100 之间的所有数值。
- LIKE"文本字段的字符"，例如，文本字段名 LIKE"计算机＊"，表示查询该文本字段中包含"计算机"在内的所有记录。

其中，? 匹配一个字符，＊匹配零或多个字符，用方括号可描述一个可匹配的字符范围。

（3）逻辑运算符

- NOT   例如，姓名 NOT "李元"，表示查询"姓名"字段中除了"李元"的记录。
- AND   例如，年龄＞＝24 AND 性别＝"女"。
- OR   例如，年龄＞＝30 OR 姓名＝"李元"。

2. SQL 常用的函数

SQL 提供的函数有很多，这里仅给出几个日期函数和合计函数的说明。

（1）日期函数

Day(date)给出日期数据中的哪一天的值，例如 Day(♯92-01-01♯)为 1。

Month(date)给出日期数据中的哪一月的值。

Year(date)给出日期数据中的哪一年的值。

Weekday(date)给出日期数据中星期几的值。

Hour(date)钟点。

Date(date)给出当前日期。

例如：

15 天前的日期可使用表达式：

```
< Date( ) - 15
```

20 天之内的日期可使用表达式：

```
BETWEEN Date() AND Date() - 20
```

1980 年出生的记录可使用表达式：

```
Year([出生日期字段名]) = 1980
```

1999 年 4 月参加工作的记录可使用表达式：

Year([参加工作时间]) = 1999 AND Month([参加工作时间]) = 4

（2）合计函数

合计函数的说明参见表 5.5。

表 5.5 合计函数的说明

简称	函 数 名	说 明
均值	AVG(字段名)	对指定字段求平均值
计数	COUNT(字段名)	统计满足条件的记录个数
	COUNT(*)	统计记录(元组)个数
最小	MIN(字段名)	对指定字段求最小值
最大	MAX(字段名)	对指定字段求最大值
求和	SUM(字段名)	对指定字段求和

例如：

SELECT COUNT(ID)FROM student;

表示统计 student 表中按 ID 统计出的学生人数。

5.1.3 INSERT INTO 添加语句

1. 问题的提出

SQL 通过什么方式向数据库表中插入数据呢？

2. 解题方案

SQL 不仅能进行数据库的查询,还可以添加新数据到数据库中。

添加语句的语法格式为

INSERT INTO 表名(col1, col2...) VALUES (value1, value2...)

实例 5.4 如果要将张驰的数据作为一个新的成员加入表 S 中,可使用下面的语句。

INSERT INTO S(xm,xb,nl,gz,dh,dz) VALUES ('张驰','男',28,4500,8888,'北京')

在此语句中,表 S 中列(数据项)的名称列在 S 后面的括号中以逗号隔开,接下去是 VALUES 短语和括号中同样以逗号隔开的每列数据。应该注意的是数据和列名称的顺序是相同的,而且若是字符串型则以单引号隔开。

从概念上来讲,INSERT 语句建立的一个与表列结构相一致的数据行,用取自 VALUES 子句的数据来填充它,然后将该新行加入表中。表中的行是不排序的,因此不存在将该行插入到表的头或尾或两行之间的这个概念。INSERT 语句结束后,新行就是表 S 中的一部分了。

INSERT 语句还可以将已经存在的表(A)中的多行数据添加到另外一个目标表(B)中,在这种形式的 INSERT 语句中,添加的数据值由查询语句指定,如实例 5.5。

实例 5.5 如果要把 2009 年 12 月 30 日之前产生的订单编号(Num)、日期(Date)和数目(Amount)从 A 表复制到另一个名为 B 的表中去,可使用下面的语句。

```
INSERT INTO B (Num,Date,Amount) SELECT Num,Date,Amount FROM A WHERE Date<'30-12-2009'
```

这条语句看起来有些复杂,其实很简单。语句标识了接收新记录的表 B 和接收数据的数据项名称,完全类似于单行 INSERT 语句。语句的剩余部分是一个查询,它检索 A 表中的数据。SQL 先执行对 A 表的查询,然后将查询结果逐行插入到 B 表中去。注意表 B 中添加的数据项的格式和表 A 要相同。

3. 归纳分析

(1) 如果要插入一行新数据,可使用添加语句的标准语法格式来完成,例如实例 5.4。

(2) 如果要插入其他表中的多行数据,可使用插入语句与查询语句一起来完成,例如实例 5.5。

5.1.4 UPDATE 更新语句

1. 问题的提出

SQL 通过什么方式修改数据库表中的数据呢?

2. 解题方案

SQL 不仅能查找数据库的数据和添加新数据到数据库中,还可以对数据库中的数据进行修改和更新,而且更新数据库数据的 SQL 语句更简单。SQL 用 UPDATE 语句更新表中选定行的一列或多列的值。

UPDATE 语句的语法格式为

```
UPDATE 表名 SET 字段名 1 = value1 [,字段名 2 = value2]... WHERE 条件
```

UPDATE 语句使用 value 值更新选定表中指定字段的数据。要更新的目标表在 UPDATE 后定义,SET 子句指定要更新表中哪些列并指定它们的值。WHERE 语句是不可少的,它用来指定需要更新的行。

实例 5.6 如果要将表 C 中客户名为 slp 的客户的信贷值更新为 10 万并将他的 ID 变更为 99,可使用如下简单的 UPDATE 语句。

```
UPDATE C SET credit = 100000.00,ID = 99 WHERE name = 'slp'
```

实例 5.7 如果要将表 C 中客户 ID 为 80,90,100,120 客户的信贷值更新为 20 万元,状态值为 021,可使用下列的 UPDATE 语句。

```
UPDATE C SET credit = 200000.00,state = 021 WHERE ID IN (80,90,100,120)
```

其中,WHERE ID IN(数据集合)表示查询 ID 值为"数据集合"中的哪些行的记录。本例中即搜索 ID 值为 80,90,100,120 的 4 行记录。

3. 归纳分析

(1) 更新过程

SQL 处理 UPDATE 语句的过程是逐行搜索所指定的表,然后更新满足搜索条件的

记录,跳过不满足搜索条件的记录。

(2) 数据更新的风险

对于一个数据库管理系统(DBMS)来说,数据更新所造成的风险大大超出了数据查询。数据库管理系统必须在更改期内保护所存储的数据的一致性,确保有效的数据进入数据库。DBMS 还必须协调多用户的并行更新,以确保用户和他们的更改不至于影响其他用户的作业。所以,使用修改和更新语句时,一定要小心!

5.1.5　DELETE 删除语句

1. 问题的提出

SQL 通过什么方式删除数据库表中的数据呢?

2. 解题方案

SQL 通过 DELETE 删除语句来删除数据库表中某些行记录。

DELETE 删除语句语法格式为

```
DELETE FROM 表名 WHERE 条件
```

实例 5.8　如果要从表 D 中删除 ID 为 99 的所有行的记录,可使用下面的语句。

```
DELETE D WHERE ID = 99
```

3. 归纳分析

(1) WHERE 子句的使用

虽然 DELETE 删除语句中的 WHERE 子句是任选的,但它几乎总是存在的,若将 WHERE 子句从 DELETE 语句中省略,则被操作的目标表的所有行都将被删除。

(2) 小心使用 DELETE 删除语句

由于 DELETE 删除语句过于简单,所以造成的后果是很严重的,一定要小心操作。

5.1.6　CREATE TABLE 创建表语句

1. 问题的提出

SQL 通过什么方式向数据库中添加表呢?

2. 解题方案

SQL 通过 CREATE 语句向数据库中添加表,可以创建一个给定字段的表,CREATE 语句的语法格式为

```
CREATE TABLE 表名 ( 字段名 1 数据类型 (NOT UULL),字段名 2 数据类型 (NOT NULL),...)
```

实例 5.9　如果要在数据库中创建一个具有字段 name 字符型 30 位,amout 数值型 8 位,ID 数值型 4 位的表 B,可使用下面的语句。

```
CREATE TABLE B (name CHAR(30), amout NUMBER(8), ID NUMBER(4))
```

3. 归纳分析

虽然 CREATE TABLE 比前面介绍的语句难理解一些,但仍然很直观。它定义了一个新表,并指定了表中 3 列的字段名称和数据类型。

表建立后可用下面的语句向表中添加数据。

```
INSERT INTO B(name,amout,ID) VALUES('zhangchi',100,1)
```

5.1.7 DROP TABLE 删除表语句

1. 问题的提出

SQL 通过什么方式删除数据库中的表呢?

2. 解题方案

如果不再需要数据库中的某个表,可用 DROP TABLE 语句将该表及其所保存的数据从数据库中删除掉,DROP TABLE 语句的语法格式为

```
DROP TABLE 表名
```

实例 5.10　如果要删除表 B,可使用下面的语句。

```
DROP TABLE B
```

3. 归纳分析

(1) DROP 语句与 DELETE 语句的区别

DROP 语句用来删除一个完整的表,而 DELETE 语句用来删除表中某行或某些行的数据。

(2) 数据定义语言和数据操纵语言

SQL 语言可以分为两大部分:数据定义语言和数据操纵语言。数据定义语言用来创建和修改数据库结构,主要包括 CREATE 和 DROP 语句。数据操纵语言主要包括 SELECT 语句、UPDATE 语句、INSERT INTO 语句、DELETE 语句。

5.2 Access 数据库

在信息化高速发展的今天,如果不借助数据库的帮助,许多简单的工作将变得冗长乏味,甚至难以实现。

目前,市面上的数据库产品多种多样,例如 Oracle、SQL Server、MySQL、DB2、Informix、Sybase、Access,从大型企业的解决方案到中小企业或个人用户的小型应用系统,可以满足用户的多样化需求。

Access 是微软公司 Office 办公套件中一个极为重要的组成部分,是世界上最流行的桌面数据库管理系统。它提供了大量的工具和向导,即使没有任何编程经验,也可以通过

可视化的操作来完成大部分的数据库管理和开发工作。Access 的功能很强大,可以处理公司的客户订单数据,管理自己的个人通信录,还可以对大量科研数据进行记录和处理。

本节的任务是学习创建 Access 数据库文件与创建表对象的方法。

5.2.1　创建数据库文件

1. 问题的提出
如何创建数据库文件呢?

2. 解题方案
创建数据库文件之前,先要确定使用什么数据库管理软件。

下面介绍使用 Access 数据库管理软件创建学生信息数据库 stuDB 的方法。

3. 创建数据库文件的 3 个步骤
第 1 步　创建空数据库文件

(1) 安装 Access 数据库管理软件

确认当前使用的计算机中已经安装了包含 Access 的 Microsoft Office 程序。如果没有安装 Access 数据库管理软件,可使用微软 Office 套件进行安装,其方法与安装其他软件相同。

(2) 打开 Access 主窗口

在 Windows 操作系统桌面上单击"开始"→"所有程序"→"Microsoft Office Access 200x"命令,启动 Access,打开如图 5.1 所示的 Access 主窗口(如果 Windows 桌面上建立了快捷图标,可以更简单、快捷地启动 Access。只要直接双击桌面上的快捷图标,即可打开 Access 主窗口)。

(3) 查看"开始工作"对话框

首次打开 Access 主窗口时会同时打开"开始工作"对话框,如图 5.1 所示。在对话框中可以根据需要选择不同选项,例如,可在"打开"栏下最近使用的 4 个数据库名称上单

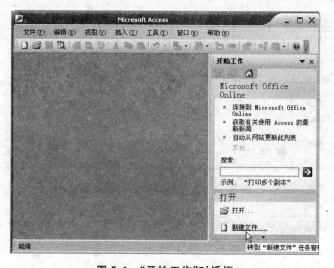

图 5.1　"开始工作"对话框

击,打开一个已经建立的数据库文件。在"打开"栏下单击"新建文件"菜单,"开始工作"对话框将切换为"新建文件"对话框,如图 5.2 所示。

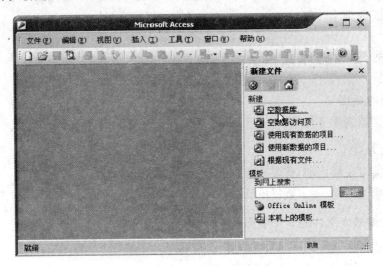

图 5.2 "新建文件"对话框

(4) 创建数据库文件

① 在 Access 主窗口"新建文件"对话框"新建"栏中单击"空数据库"选项,如图 5.2 所示。将打开"文件新建数据库"对话框,如图 5.3 所示。

② 在"文件新建数据库"对话框中输入数据库文件名称 stuDB,同时选择文件的保存路径,如图 5.3 所示。

图 5.3 "文件新建数据库"对话框

③ 在"文件新建数据库"对话框中单击"创建"按钮,在 Access 主窗口中将打开数据库窗口,如图 5.4 所示。这表明已经创建了一个空数据库文件 stuDB,其中什么也没有。

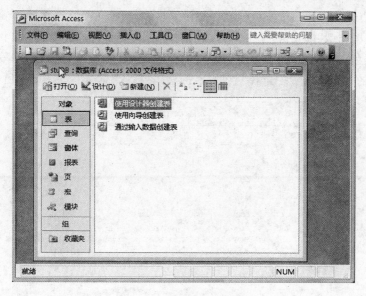

图 5.4　stuDB 数据库窗口

第 2 步　在数据库中创建表对象

数据库最重要的功能是保存数据,而数据要通过不同的表对象来保存。数据库如果被视为书库,表就是存放物品的书架。下面来创建数据库 stuDB 中的 3 个表对象:学生基本信息表 student、选课表 course、成绩表 sc。

(1)创建学生基本信息表 student 表结构

要存放数据,先要创建存放数据的表结构。表结构指表名、字段名、数据类型、字段大小等。

创建表结构可以分为设计物理表结构与创建机器表结构两个阶段。设计物理表结构即定义表名、字段名、字段数据类型与字段属性等,这些工作可在专门进行数据库设计时完成。

创建机器表结构即在计算机中存放的数据库管理系统中定义表名、字段名、字段数据类型与字段大小等,其目的是为数据在数据库中准备存储空间。下面所指的创建表结构就是创建机器表结构。

① 在 stuDB 数据库窗口"对象"栏单击"表"按钮,单击数据库窗口工具栏上的"设计"按钮或双击"使用设计器创建表"创建方法选项,打开如图 5.5 所示的表设计视图窗口。

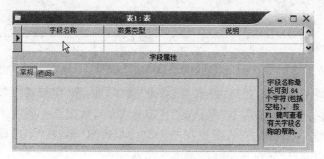

图 5.5　表设计视图窗口

② 单击表设计视图第 1 行"字段名称"单元格,输入第 1 个字段名称 snum(学号)。

③ 在"数据类型"单元格,单击其右边的向下箭头按钮,在其下拉列表中列出 Access 的所有数据类型,选择"数字"型。在"说明"单元格输入"主关键字",在"字段属性"区"常规"选项卡中的"字段大小"栏选择"整型","标题"栏输入"学号",如图 5.6 所示。

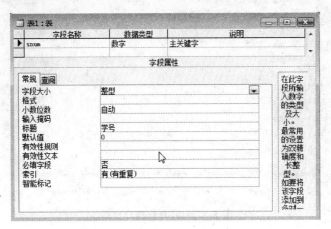

图 5.6   定义字段名称、类型

④ 输入字段名称 sname(姓名),选择"数据类型"为"文本"型,在"字段属性"区"常规"选项卡中的"字段大小"栏输入 50,"标题"栏输入"姓名",如图 5.7 所示。以同样方式可输入字段 ssex(性别,2)、sethnic(民族,50)、shome(籍贯,50)、smajor(系,50)、scollege(学院,50)。

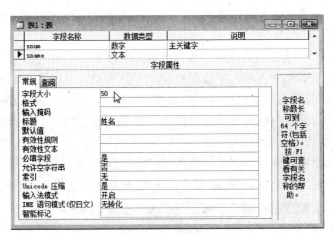

图 5.7   定义字段名称、类型、大小

⑤ 输入字段名称 syear,选择"数据类型"为"数字"型,在"字段属性"区"常规"选项卡中的"字段大小"栏选择"整型",在"默认值"栏输入 2009,如图 5.8 所示。

⑥ 输入字段名称 sbirth,选择数据类型为"日期/时间"型,在"字段属性"区"常规"选项卡中的"格式"栏选择"常规日期",如图 5.9 所示。

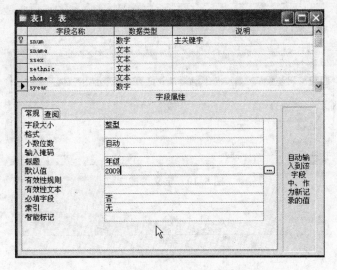

图 5.8　定义字段名称、类型、大小、默认值

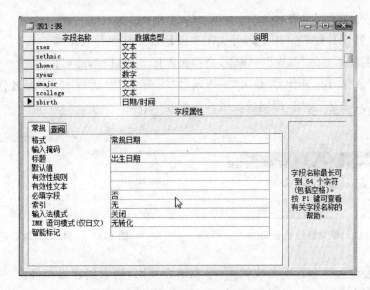

图 5.9　定义字段名称、类型、格式

（2）定义主关键字

将表中所有的字段定义完毕后，先单击字段选择器按钮▶，选择 snum 字段。然后单击主窗口工具栏的"主键"按钮　或单击右键，选择弹出菜单的"主键"命令，将设置该字段为主关键字。如图 5.10 所示。

设置主键后，该字段行选择器按钮上会出现一个小钥匙按钮　，如图 5.11 所示。

如果主键由多个字段组成，可按住 Ctrl 键不放，然后单击字段选择器选中每个作为主键的字段，再单击"主键"按钮，即可同时将它们标记为主键了。

如果要取消字段的主键定义，可选择主键字段后单击"主键"按钮　。

图 5.10　定义关键字

图 5.11　关键字符号

(3) 保存表结构确定表名

用表设计器设计好表结构之后可关闭表设计视图并保存表结构。

① 单击工具栏上的"保存"按钮 ，会弹出如图 5.12 所示的对话框。

② 单击"是"按钮，弹出如图 5.13 所示的"另存为"对话框。在"表名称"框中输入 student 并单击"确定"按钮，即完成表结构的创建工作。

图 5.12　保存表结构窗口

图 5.13　"另存为"对话框

③ 单击表设计视图右上角按钮 ，可关闭表视图，结束创建表的任务。在数据库窗口可以看到刚刚创建的表对象，如图 5.14 所示。

图 5.14　student 表

同理可以创建选课表 course、成绩表 sc 表结构。

第 3 步 向表中输入数据

在数据库窗口“对象”栏中单击“表”按钮，在“已有对象列表”中双击 course 表名称或选中 course 表单击数据库窗口工具栏中的“打开”按钮，可以数据表视图打开一个空表。输入数据，结果如图 5.15 所示。以同样的方法输入其他表数据，结果如图 5.16、图 5.17 所示。

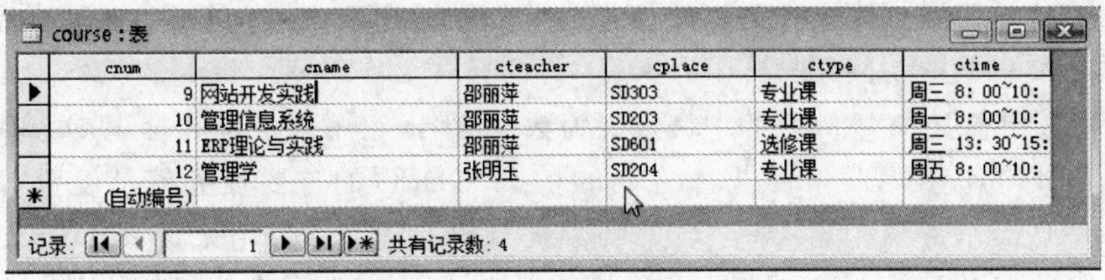

course：表

cnum	cname	cteacher	cplace	ctype	ctime
9	网站开发实践	邵丽萍	SD303	专业课	周三 8: 00~10:
10	管理信息系统	邵丽萍	SD203	专业课	周一 8: 00~10:
11	ERP理论与实践	邵丽萍	SD601	选修课	周三 13: 30~15:
12	管理学	张明玉	SD204	专业课	周五 8: 00~10:
(自动编号)					

记录：1 共有记录数：4

图 5.15 course 表的数据

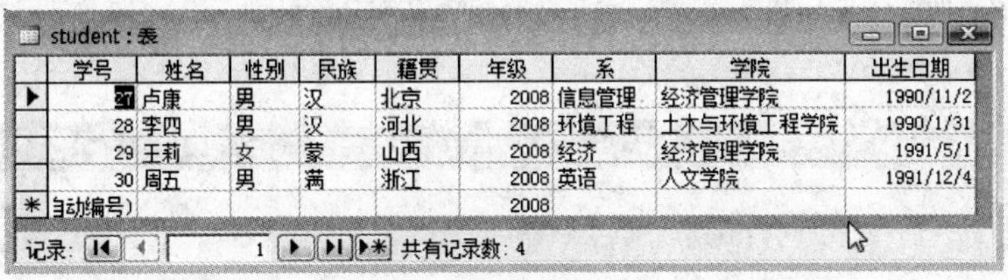

student：表

学号	姓名	性别	民族	籍贯	年级	系	学院	出生日期
27	卢康	男	汉	北京	2008	信息管理	经济管理学院	1990/11/2
28	李四	男	汉	河北	2008	环境工程	土木与环境工程学院	1990/1/31
29	王莉	女	蒙	山西	2008	经济	经济管理学院	1991/5/1
30	周五	男	满	浙江	2008	英语	人文学院	1991/12/4
自动编号)					2008			

记录：1 共有记录数：4

图 5.16 student 表的数据

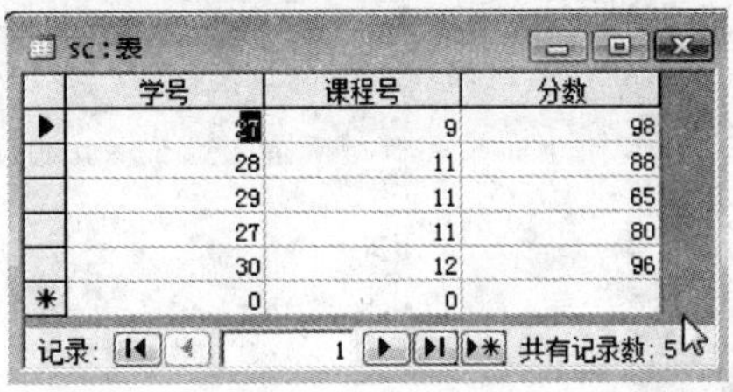

sc：表

学号	课程号	分数
27	9	98
28	11	88
29	11	65
27	11	80
30	12	96
0	0	

记录：1 共有记录数：5

图 5.17 sc 表的数据

在数据表视图窗口单击主窗口工具栏的“视图”按钮，可以切换到表设计视图窗口，修改表结构。在表设计视图窗口单击主窗口工具栏的“视图”按钮，可以切换到数据表视图窗口输入数据。

5.2.2 通过 ODBC 创建连接数据库的数据源 DSN

1. 问题的提出

Java 应用程序如何访问数据库中的数据呢？

2. 解题方案

解决这个问题需要使用 ODBC 数据源管理器。

　　ODBC 是英文 Open Database Connectivity 的缩写,中文含义为开放式数据库互联。ODBC 是微软推出的一种工业标准,一种开放的独立于厂商的 API 应用程序接口,可以跨平台访问各种个人计算机、小型机以及主机系统。ODBC 是一种访问数据库的工具,只要操作系统中有相应的 ODBC 驱动程序,任何应用程序都可以通过 ODBC 来访问数据库。例如,操作系统中如果有 Access 的 ODBC 驱动程序,那么即使计算机中没有 Access 软件,也可以在 Java 应用程序中对 Access 数据库文件进行添加、删除、更新记录的操作,而且不必知道这个数据库文件的存放位置。只要写出 SQL 指令,ODBC 驱动程序会解决连接数据库文件的一切问题。

　　DSN(Date Source Name)的中文含义为数据源名,它用来定位和标识 ODBC 兼容的数据库。DSN 是应用程序和数据库之间的桥梁,ODBC 的首要任务就是设置 DSN。在 Windows XP 操作系统中自带有“ODBC 数据源管理器”专门用来设置 DSN。设置好 DSN 后,通过应用程序将 SQL 指令传递给数据库,即可对数据库进行各种操作。

　　下面介绍连接 stuDB 数据库的数据源 stuDB。操作步骤如下:

　　(1) 单击 Windows XP 的“开始”→“控制面板”命令,打开“控制面板”窗口,如图 5.18 所示。

图 5.18　“控制面板”窗口

　　(2) 在“控制面板”窗口中双击“管理工具”图标,打开“管理工具”窗口,如图 5.19 示。

　　(3) 在“管理工具”对话框中双击“数据源(ODBC)”图标,打开“ODBC 数据源管理器”对话框,如图 5.20 所示,单击“系统 DSN”选项卡。

　　(4) 单击“添加”按钮,将弹出“创建新数据源”对话框,如图 5.21 所示。选择 Microsoft Access Drive(＊. mdb)选项并单击“完成”按钮,将弹出“ODBC Microsoft Access 安装”对话框,如图 5.22 所示。

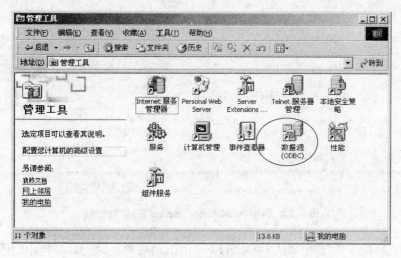

图 5.19　"管理工具"窗口

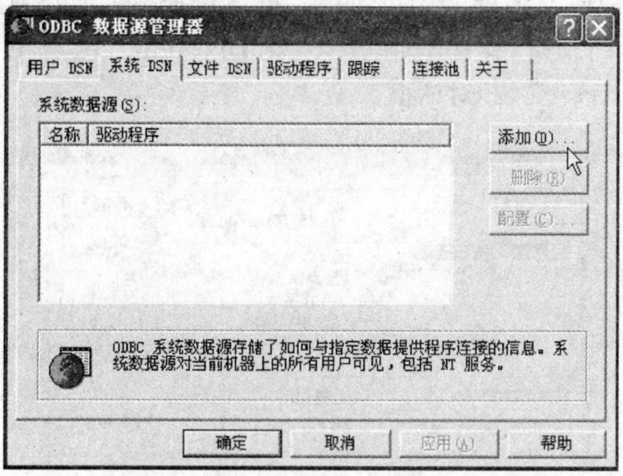

图 5.20　"ODBC 数据源管理器"对话框

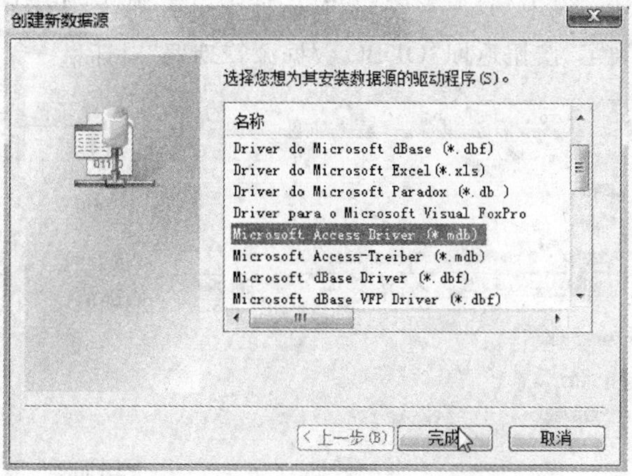

图 5.21　"创建新数据源"对话框

图 5.22　"ODBC Microsoft Access 安装"对话框

（5）在"数据源名"栏中输入 DSN 名称 stuDB，然后单击"数据库"栏中"数据库："下的"选择"按钮，将打开"选择数据库"对话框，如图 5.23 所示。

（6）在"选择数据库"对话框中先在"目录"框下选择数据库存放的路径，再选择要使用的数据库，例如"c:\Java\程序\database\stuDB.mdb"，然后单击"确定"按钮返回"ODBC Microsoft Access 安装"对话框。

图 5.23　"选择数据库"对话框

（7）在"ODBC Microsoft Access 安装"对话框中可看到数据库文件的路径及名称如图 5.24 所示，单击"确定"按钮返回"ODBC 数据源管理器"对话框。

图 5.24　"ODBC Microsoft Access 安装"对话框

（8）在"ODBC 数据源管理器"对话框可看到创建的系统数据源 stuDB，如图 5.25 所示。单击"确定"按钮就完成了配置 DSN 的工作。

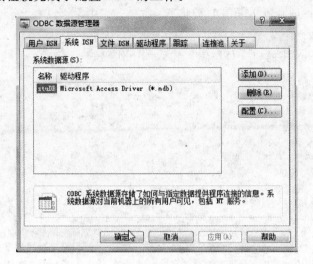

图 5.25　"ODBC 数据源管理器"对话框

3. 归纳分析

完成以上操作后就建立了连接数据库 stuDB.mdb 的数据源 stuDB。其他应用程序可以通过 stuDB 找到存放在 stuDB.mdb 数据库中的表及其中的数据。如果数据库改变了名称或存放路径，不必一个一个地修改程序中所有数据库的名称，只要修改 DSN 配置中数据库的存放路径就可以了。

5.3　使用 JDBC 访问数据库

本节的任务是学习使用 JDBC 创建访问数据库的 Java 程序。

5.3.1　通过 JDBC 创建 Java 程序输出数据库的数据

1. 问题的提出

建立数据源后，使用 Java 程序输出数据库中的数据还需要 JDBC 作为桥梁。那么什么是 JDBC 呢？

2. 解题方案

JDBC 是一种可用于执行 SQL 语句的 Java API（Application Programming Interface，应用程序设计接口）。它是由一些 Java 语言编写的类和接口组成的。使用它可以将 Java 程序连接到 Oracle、SQL Server、MySQL、DB2、Informix、Sybase、Access 等多种关系型数

据库。通过它开发人员可以用纯 Java 语言编写完整的数据库应用程序。

下面通过实例 5.11 来了解如何在 Java 程序中使用 JDBC 输出数据库中的数据。

实例 5.11 查询并输出 stuDB 数据库 student 表中"学号"与"姓名"数据的程序。

解题步骤：

(1) 在 EditPlus 主窗口文件编辑区输入如下代码。

```java
import java.util.*;
import java.sql.*;
public class DBxc {
    public static void main(String[] args)  {
        Connection conn = null;
        Statement stmt = null;
        ResultSet rs = null;
        try {
            Class.forName("sun.jdbc.odbc.JdbcOdbcDriver");          //声明使用的驱动程序
            conn = DriverManager.getConnection("jdbc:odbc:stuDB");  //创建连接数据库对象
        } catch (Exception e) {   System.err.println("OpenConn:" + e.getMessage()); }

        //访问数据库,输出数据库中数据
        try  {
        stmt = (Statement)conn.createStatement();       //创建操作 SQL 语句的对象
        String sql = "select snum, sname from student";
        rs = stmt.executeQuery(sql);                    //创建保存 SQL 语句执行结果的对象
            //获取每条记录中的数据信息,并显示出来
            while (rs.next()) {                          //当存在下一条记录时再次循环
                long xh = rs.getLong(1);                 //获取一条记录的第 1 列数据
                String xm = rs.getString(2);             //获取一条记录的第 2 列数据
                System.out.print(" 学号:" + xh);         //输出第 1 列数据
                System.out.println(" 姓名:" + xm);       //输出第 2 列数据
            }
            rs.close();                                  //关闭 ResultSet 对象
            stmt.close();                                //关闭 Statement 对象
            conn.close();                                //关闭 Connection 连接对象
        }
        catch (SQLException e)    {
          System.out.print("SQL Exception occur. Message is:");
          System.out.print(e.getMessage());
        }
    }
}
```

(2) 保存新创建的源程序,编译源程序。

(3) 运行程序,结果如图 5.26 所示,显示了 student 表中"学号"与"姓名"的数据。

```
--------- 运行 ----------
学号:27    姓名:卢康
学号:28    姓名:李四
学号:29    姓名:王莉
学号:30    姓名:周五
```

图 5.26 显示的查询数据

3. 归纳分析

(1) JDBC

JDBC 是英文 Java DataBase Connectivity 的缩写,中文称为 Java 数据库连接。JDBC

可以看成是一种访问数据库的方法。只要系统中有相应的 JDBC 驱动程序，Java 应用程序就可以通过 JDBC 操纵数据库，从而对数据库进行加、删、改记录的操作，而且你根本不用知道这个数据库放在哪里。

（2）常用的 JDBC 接口

① java. sql. DriverManager：处理驱动程序的调入，为产生新的数据库连接提供支持。

② java. sql. Connection：用于对特定数据库进行连接。

③ java. sql. Statement：代表一个特定的容器，用来对一个特定的数据库执行 SQL 语句。

④ java. sql. ResultSet：用于控制对一个特定语句行数据的存取。

关于 java. sql 包的接口及其方法可到网址 http://gceclub. sun. com. cn/Java_Docs/html/zh_CN/api/index. html 详细查看。

（3）JDBC 的功能

JDBC 的实现类称为 JDBC 驱动程序。JDBC 驱动程序具有以下功能。

➢ 同一个数据库建立连接。

➢ 向数据库发送 SQL 语句。

➢ 返回数据库处理的结果。

这些功能是通过 JDBC 中的一系列接口来实现的，这些接口都在 java. sql 包中。所以，在编写访问数据库的 JSP 程序时一定要包含引入 java. sql 包的 Java 语句。

（4）JDBC 的使用

从实例 5.11 中可以发现，在 Java 程序中要使用 JDBC 对数据库的数据进行查询，需要做以下工作：

① 引入 SQL 类包

引入 Java 的 sql 类包，可以通过以下语句。

```
import = "java.sql. * "
```

② 装载并注册驱动程序

连接 JdbcOdbc 驱动程序的类名为 sun. jdbc. odbc. JdbcOdbcDriver。使用驱动程序类，要先使用 Class 类的静态方法 forName 获取驱动程序对象。一般使用下面的语句装载并注册驱动程序。

```
Class.forName("sun.jdbc.odbc.JdbcOdbcDriver");
```

③ 创建与数据库建立连接的 Connection 对象

Connection 对象来自于 java. sql. Connection 接口，它的作用是与数据库进行连接。通过 DriverManager 类的 getConnection(url)方法，可以创建一个 Connection 对象，如以下语句。

```
Connection c = DriverManager.getConnection(jdbc url,用户名,密码);
```

④ 创建执行 SQL 语句的 Statement 对象与 ResultSet 对象

➢ Statement 对象

执行 SQL 语句的 Statement 对象来自于 java. sql. Statement 接口，它的作用是对一

个特定的数据库执行 SQL 语句操作。通过 Connection 对象的 createStatement()方法经过 Statement 类型转换可以得到一个 Statement 对象,如下面的语句。

```
stmt = (Statement)conn.createStatement();
```

注意 *Statement 对象可以对多个不同的 SQL 语句进行操作。*

➤ ResultSet 对象

ResultSet 对象来自于 java.sql.ResultSet 接口,它被称为结果集,代表一个特定的容器,用来保存查询的所有结果数据。ResultSet 对象通过 Statement 对象的 executeQuery(sql)方法在执行 SQL 语句后创建,如下面的语句。

```
ResultSet rs = s.executeQuery(sql);
```

ResultSet 对象可以按查询结果的行对数据进行存取。存取其中的数据时会用到以下方法。

- next(),可以移动指针到查询到的当前数据行的下一行。
- getXXXX(n),可以给出查询到的当前行数据第 n 列的数值。XXXX 表示不同的数据类型,如 getLong(1),getString(2)。

⑤ 释放资源

最后要使用 close()方法释放 Connection 对象、Statement 对象与 ResultSet 对象。

5.3.2 通过 JDBC 创建 Java 程序添加并删除数据库中的数据

1. 问题的提出

使用 Java 程序如何向数据库中添加数据、删除数据呢?

2. 解题方案

在 Java 程序中要使用 SQL 的添加与删除语句,如实例 5.12。

实例 5.12 向数据库添加数据、删除数据的程序。

解题步骤:

(1) 在 EditPlus 主窗口文件编辑区输入如下代码。

```
import java.util. * ;
import java.sql. * ;
public class DBtjsc {
    public static void main(String[ ] args)  {
    Connection conn = null;
    PreparedStatement  ps;
    Statement stmt = null;
    ResultSet rs = null;
    try {
        Class.forName("sun.jdbc.odbc.JdbcOdbcDriver");
        conn = DriverManager.getConnection("jdbc:odbc:stuDB");
```

```
        } catch (Exception e) {   System. err. println("OpenConn:" + e. getMessage()); }

        try {
        stmt = (Statement)conn. createStatement();

        String sql1 = "INSERT INTO sc(snum,cnum,grade) VALUES (30,?,?)";
            ps = (PreparedStatement) conn. prepareStatement(sql1);
            ps. setInt(1,11);
            ps. setFloat(2,92);
            ps. executeUpdatec();

        //删除记录
        String sql2 = "DELETE FROM sc WHERE snum = 27 AND cnum = 9";
          stmt. executeUpdate(sql2);
        //查询记录
        rs = stmt. executeQuery("DELECT * FROM sc");
            while (rs. next()) {
                int xh = rs. getInt(1);
                int kch = rs. getInt(2);
                float fs = rs. getFloat(3);
                System. out. print("   学号:" + xh);
                System. out. print("   课程号:" + kch);
                System. out. println("   分数:" + fs);
            }
            rs. close(); stmt. close(); conn. close();
        }
        catch (SQLException e)   {
            System. out. print("SQL Exception occur. Message is:");
            System. out. print(e. getMessage());
        }
    }
}
```

（2）保存新创建的源程序，编译源程序。

（3）运行程序，结果如图 5.27 所示，可以看到在 sc 表中添加了数据"30,11,92.0"。

```
---------- 运行 ----------
学号:28    课程号:11    分数:88.0
学号:30    课程号:12    分数:96.0
学号:29    课程号:11    分数:65.0
学号:27    课程号:11    分数:80.0
学号:29    课程号:12    分数:90.0
学号:30    课程号:11    分数:92.0
```

3. 归纳分析

（1）注意关键字不能重复

如果使用实例 5.12 对数据库添加数据，运行第二次需要修改程序中添加的数据，否则会发生添加数据出

图 5.27 添加与删除后的数据

错的提示。因为学号与课程号两个属性字段是 sc 课程表的关键字，不能重复。

（2）使用 PreparedStatement 对象编写预编译的 SQL 语句

实例 5.12 中使用了 Statement 的子接口 PreparedStatement 对象，它的功能更强大。在使用 SQL 语句时可以包含多个问号，用"?"来代表字段，这样的 SQL 语句称为预编译的 SQL 语句，例如：

```
String sql = "INSERT ONTO sc VALUES(?,?,?)");
```

通过 PreparedStatement 对象的 setXXXX() 方法可以分别给用"?"代表的字段赋值，例如：

ps. setString(1,name)用来给字符型数据赋值。

ps. setInt(1,12)用来给整数赋值。其中第一位参数为"?"字段出现的序数,从 1 开始。

通过 PreparedStatement 对象的 executeUpdate()方法完成赋值任务。

(3) 不同的 SQL 语句与执行 SQL 语句的对象

通过本例可以看到,连接数据库的方式是相同的,不同的是 SQL 语句与执行 SQL 语句的对象。

5.3.3 通过 JDBC 创建 Java 程序更新数据库中的数据

1. 问题的提出

使用 Java 程序如何更新数据库中的数据呢?

2. 解题方案

在 Java 程序中使用 SQL 的更新语句,如实例 5.13。

实例 5.13 更新数据库中数据的程序。

解题步骤:

(1) 在 EditPlus 主窗口文件编辑区输入如下代码。

```java
import java.util. * ;
import java.sql. * ;
public class DBgx {
    public static void main(String[ ] args)  {
        Connection conn = null;
        Statement stmt  = null;
        PreparedStatement  ps;
        ResultSet rs = null;
        try {
            Class.forName("sun.jdbc.odbc.JdbcOdbcDriver");
            conn = DriverManager.getConnection("jdbc:odbc:stuDB");
        } catch (Exception e) {
            System.err.println("数据库连接失败原因:" + e.getMessage()); }
        try  {
            stmt = (Statement)conn.createStatement();
            String sql3  = "UPDATE student SET snum = ?,sname = ? WHERE snum = ?";
            ps = (PreparedStatement) conn.prepareStatement(sql3);
            ps.setInt(1, 26);
            ps.setString(2, "zhc");
            ps.setInt(3, 27);
            ps.executeUpdate();
            String sql = "SELECT snum,sname FROM student";
            rs = stmt.executeQuery(sql);
            while (rs.next()) {
                long xh = rs.getLong(1);
                String xm = rs.getString(2);
                System.out.print(" 学号:" + xh);
```

```
        System.out.println(" 姓名:" + xm);  }
            rs.close(); stmt.close();   conn.close();
    }
        catch (SQLException e){System.out.print("SQL 操作失败原因:" + e.getMessage());}
    }
}
```

（2）保存新创建的源程序，编译源程序。

（3）运行程序，结果如图 5.28 所示。与图 5.26 比较，可以看到在 student 表中更改了学生的学号和姓名，数据"学号：27　姓名：卢康"改为"学号：26　姓名：zhc"。

```
--------- 运行 ----------
学号:26    姓名:zhc
学号:28    姓名:李四
学号:29    姓名:lp
学号:30    姓名:周五
```

图 5.28　更新后的数据

3. 归纳分析

（1）注意字段的关联性

如果使用实例 5.13 更新数据库中的数据，只能更新 student 表单独存在的数据，即 sc 课程表中存在关联的数据不能修改。

（2）使用程序访问数据库的限制

使用程序对数据库进行操作存在许多问题，例如：不方便，每次操作需要更改程序；不安全，要修改源代码有可能带来新的错误；不直观，看不到操作的对象。因此，对数据库的操作一般不是直接通过 Java 程序，而是通过窗口界面。

5.4　通过窗口界面访问数据库

本节的任务是学习通过窗口界面访问数据库的方法。

为共同完成某种任务而编写的一组相关的 Java 类称为应用程序。

通过窗口界面访问数据库的应用程序一般分为三层：最下层为数据库层，由用来进行数据库连接与操作的类组成。第二层是业务层，主要任务是从窗口界面接收用户的数据，然后根据用户的输入做具体的数据处理，统一设计数据处理业务工作的类。这一层也可以看做是中间层，具有上传下达的功能。最上层是用户层，主要是用户使用的图形用户界面类，一般由带有菜单栏的主窗口与进行具体数据输入、修改等任务的对话框窗口类组成。

为了更清晰地说明通过窗口界面访问数据库的方法，在编写下面这组 Java 应用程序前先做以下准备工作。

（1）创建一个文件夹 stnMIS。

（2）在 stnMIS 目录下再创建两个子文件夹 database（用来存放数据库文件）与 src（用来存放 Java 程序）。

（3）将 stuDB. mdb 数据库文件存放到 database 文件夹中。

（4）在 src 目录下再创建两个子文件夹 connDB（用来存放与数据源连接的 Java 程

序)与 student(用来存放数据处理与窗口界面的 Java 程序)。

(5) 建立数据源 stuDB2。如果数据库文件存放位置变换了,可以重新选择存放位置,也可以另外创建一个数据源。

5.4.1 创建连接数据源的类

1. 问题的提出

为了更好地完成访问数据库的任务,能否创建一个专门用来连接数据库类、进行数据库查询、更新操作的类呢?

2. 解题方案

为了使 Java 应用程序结构清晰、功能分明,下面在 connDB 文件夹中创建一个声明数据库操作变量,包含连接数据源 stuDB2 方法、查询数据与更新数据的类 DatabaseConn。

实例 5.14 创建连接数据源 stuDB2 的类 DatabaseConn。类中定义了连接数据源 stuDB2 的方法,并定义了连接数据库对象 conn、查询对象 stmt 和操作对象 rs 与使用 SQL 语句查询、更新数据库的方法,同时还有将字符串转换为简体汉字的方法和释放变量的方法各一个。

解题步骤:

(1) 在 EditPlus 主窗口文件编辑区输入如下代码。

```java
package src.connDB;
import java.sql.*;
public class DatabaseConn {
    private Statement stmt = null;
    ResultSet rs = null;
    private Connection conn = null;
    String sql;

    public DatabaseConn() {   }                        //构造方法
        public void OpenConn() throws Exception {      //打开数据库的方法
          try {Class.forName("sun.jdbc.odbc.JdbcOdbcDriver");
               conn = DriverManager.getConnection("jdbc:odbc:stuDB2");
          } catch (Exception e) {  System.err.println("数据库连接:" + e.getMessage()); }
        }
    public ResultSet executeQuery(String sql) {        //查询数据的方法
        stmt = null;     rs = null;
        try {
            stmt = conn.createStatement(ResultSet.TYPE_SCROLL_INSENSITIVE,
                      ResultSet.CONCUR_READ_ONLY);
            rs = stmt.executeQuery(sql);
        } catch (SQLException e) {System.err.println("查询数据:" + e.getMessage()); }
        return rs;
    }

    public void executeUpdate(String sql) {            //更新数据的方法
```

```
            stmt = null;
            rs = null;
            try {
                stmt = conn.createStatement(ResultSet.TYPE_SCROLL_INSENSITIVE,
                        ResultSet.CONCUR_READ_ONLY);
                stmt.executeQuery(sql);
                conn.commit();
            } catch (SQLException e) {
                System.err.println("更新数据:" + e.getMessage());
            }
        }

        public void closeStmt() {                //释放对象的方法
            try {stmt.close();  } catch (SQLException e) {
                System.err.println("释放对象:" + e.getMessage());
            }
        }
        public void closeConn() {                //释放对象的方法
            try {conn.close();} catch (SQLException ex) {
                System.err.println("释放对象:" + ex.getMessage());
            }
        }
        public static String toGBK(String str) {   //转换编码的方法
            try {if (str == null)   str = "";
                else   str = new String(str.getBytes("ISO - 8859 - 1"), "GBK");
            } catch (Exception e) {  System.out.println(e);}
        return str;
        }
    }
```

（2）保存新创建的源程序为 DatabaseConn.java，编译源程序为 DatabaseConn.class，文件存放到 connDB 文件夹下。

3. 归纳分析

（1）DatabaseConn 类定义了多个变量

DatabaseConn 类定义了连接数据库对象 conn、查询对象 stmt、操作对象 rs 和字符串变量 sql。

（2）DatabaseConn 类定义了多个方法

DatabaseConn 类定义了连接数据源 stuDB 的方法 DatabaseConn()、数据查询方法 executeQuery(String sql)、更新数据方法 executeUpdate(String sql)、释放对象方法 closeStmt() 和 closeConn()，还有一个将字符串转换为简体汉字的方法 toGBK(String str)。

（3）注意事项

此类不能运行，只能被其他类使用来访问数据库。

在使用本类的数据查询与更新数据方法时，需要提供具体的参数。

5.4.2 创建数据处理的类

1. 问题的提出

连接数据库后,可以对数据库中的记录进行哪些操作任务呢?

2. 解题方案

对数据库中的记录能进行修改、删除、按指定条件查询数据等操作任务。为了分别处理不同的操作任务,可以在 student 文件夹下创建一个专门处理数据操作、临时存储数据的类 StuBean,它的功能是接收从窗口界面输入的数据、编写 SQL 语句、创建 DatabaseConn 对象访问数据库。

实例 5.15 创建类 StuBean。

解题步骤:

(1) 在 EditPlus 主窗口文件编辑区输入如下代码。

```java
package src.student;
import java.sql.*;
import javax.swing.*;
import src.connDB.DatabaseConn;                    //引入自定义类
public class StuBean {
    String sql;
    ResultSet rs = null;
    String sNum;String sName;String sSex;String sBirth;String sHome;
    String sEthnic;   String sYear;   String sMajor;   String sCollege;
    String colName;                                 //列名
    String colValue;                                //列值
    String colValue2;                               //列值
    int stuId;                                      //学生的新学号

    //添加学生信息的方法
    public void stuAdd(String name, String sex, String birth, String home,
            String ethnic, String year, String major, String college) {
        DatabaseConn DB = new DatabaseConn();
        this.sName = name;this.sSex = sex;this.sBirth = birth;
        this.sHome = home;this.sEthnic = ethnic;this.sYear = year;
        this.sMajor = major;this.sCollege = college;
        if (sName == null || sName.equals("")) {    //姓名不能为空
            JOptionPane.showMessageDialog(null, "请输入学生姓名", "错误",
                    JOptionPane.ERROR_MESSAGE);
            return;
        } else {                                    //根据传递的参数编写 SQL 语句
            sql = "INSERT INTO student(sname, ssex, sbirth, shome, sethnic, syear, smajor,
scollege) VSLUES ('" + sName + "','" + sSex + "','" + sBirth + "','" + sHome + "','" +
sEthnic + "','" + sYear + "','" + sMajor + "','" + sCollege + "')";
```

```
    try {DB.OpenConn();
        DB.executeUpdate(sql);
        JOptionPane.showMessageDialog(null, "成功添加一条新的记录!");
    } catch (Exception e) {  System.out.println(e);
        JOptionPane.showMessageDialog(null, "保存失败", "错误",
                JOptionPane.ERROR_MESSAGE);
    } finally {DB.closeStmt();DB.closeConn();}
    }
}

//修改学生信息的方法
public void stuModify(String num, String name, String sex, String birth,
        String home, String ethnic, String year, String major,
        String college) {
    DatabaseConn DB = new DatabaseConn();
    this.sNum = num;this.sName = name;this.sSex = sex;
    this.sBirth = birth;this.sHome = home;  this.sEthnic = ethnic;
    this.sYear = year;  this.sMajor = major;this.sCollege = college;
    if (sName == null || sName.equals("")) {
        JOptionPane.showMessageDialog(null, "请输入学生姓名", "错误",
                JOptionPane.ERROR_MESSAGE);
        return;
    } else {
        sql = "UPDATE student SET sname = '" + sName + "', ssex = '" + sSex
                + "', sbirth = '" + sBirth + "', shome = '" + sHome
                + "', sethnic = '" + sEthnic + "', syear = '" + sYear
                + "', smajor = '" + sMajor + "', scollege = '" + sCollege
                + "' WHERE snum = " + Integer.parseInt(sNum) + "";
        try {DB.OpenConn();
            DB.executeUpdate(sql);
            JOptionPane.showMessageDialog(null, "成功修改一条新的记录!");
        } catch (Exception e) {
            System.out.println(e);
            JOptionPane.showMessageDialog(null, "更新失败", "错误",
                    JOptionPane.ERROR_MESSAGE);
        } finally {DB.closeStmt();DB.closeConn();}
    }
}

//删除学生信息的方法
public void stuDel(String num) {
    DatabaseConn DB = new DatabaseConn();
    this.sNum = num;
    sql = "DELETE FROM student WHERE snum = " + Integer.parseInt(sNum) + "";
    try {
        DB.OpenConn();
        DB.executeUpdate(sql);
        JOptionPane.showMessageDialog(null, "成功删除一条新的记录!");
    } catch (Exception e) {
```

```
                System.out.println(e);
                JOptionPane.showMessageDialog(null, "删除失败", "错误",
                        JOptionPane.ERROR_MESSAGE);
        } finally {DB.closeStmt();DB.closeConn();}
}


//根据指定学号查询学生信息的方法
public String[] stuSearch(String num) {
    DatabaseConn DB = new DatabaseConn();
    this.sNum = num;
    String[] s = new String[8];
    sql = "SELECT * FROM student WHERE snum = " + Integer.parseInt(sNum) + "";
    try {DB.OpenConn();
        rs = DB.executeQuery(sql);
        if (rs.next()) {
            s[0] = rs.getString("sname");   s[1] = rs.getString("ssex");
            s[2] = rs.getString("sethnic");s[3] = rs.getString("shome");
            s[4] = rs.getString("syear");   s[5] = rs.getString("smajor");
            s[6] = rs.getString("scollege");s[7] = rs.getString("sbirth");
        } else  s = null;
    } catch (Exception e) {} finally {  DB.closeStmt();   DB.closeConn();}
    return s;
}


//根据指定的学号范围查询学生信息的方法
public String[][] stuAllSearch(String xh, String h1,String h2){
    this.colName = xh;this.colValue = h1;this.colValue2 = h2;
    DatabaseConn DB = new DatabaseConn();
    String[][] sn = null;   int row = 0;int i = 0;
    sql = "SELECT * FROM student WHERE " + colName + " between " + colValue
            + " AND " + colValue2 + "";
    try {DB.OpenConn();
        rs = DB.executeQuery(sql);
        if (rs.last()) {row = rs.getRow();}
        if (row == 0) {  sn = null;} else {
            sn = new String[row][9];
            rs.first();   rs.previous();
            while (rs.next()) {
                sn[i][0] = rs.getString("snum");
                sn[i][1] = rs.getString("sname");
                sn[i][2] = rs.getString("ssex");
                sn[i][3] = rs.getString("sethnic");
                sn[i][4] = rs.getString("shome");
                sn[i][5] = rs.getString("syear");
                sn[i][6] = rs.getString("smajor");
                sn[i][7] = rs.getString("scollege");
                sn[i][8] = rs.getString("sbirth");
                i++;}
        }
```

```
        } catch (Exception e) {} finally {  DB.closeStmt();  DB.closeConn();}
        return sn;
    }

    //获得新的学号的方法
    public int getStuId() {
        DatabaseConn DB = new DatabaseConn();
        sql = "SELECT MAX(snum) FROM student";
        try {DB.OpenConn();
            rs = DB.executeQuery(sql);
            if (rs.next()) {stuId = rs.getInt(1) + 1;
            } else  stuId = 1;
        } catch (Exception e) {} finally {  DB.closeStmt();  DB.closeConn();  }
        return stuId;
    }

    //获得 student 表中的所有学号 snum 的方法
    public String[] getAllId() {
        String[] s = null;
        int row = 0;int i = 0;
        DatabaseConn DB = new DatabaseConn();
        sql = "SELECT snum FROM student";
        try {DB.OpenConn();
            rs = DB.executeQuery(sql);
            if (rs.last()) {row = rs.getRow();}
            if (row == 0) {  s = null;
            } else {s = new String[row];
                rs.first();
                rs.previous();
                while (rs.next()) {  s[i] = rs.getString(1);  i++;}
            }
        } catch (Exception e) {  System.out.println(e);
        } finally {  DB.closeStmt();  DB.closeConn();  }
        return s;
    }
}
```

（2）保存新创建的源程序，注意在当前文件夹中不要编译源程序文件。

3. 归纳分析

（1）StuBean 类定义的变量

StuBean 类根据数据库表、窗口界面文本框定义了需要的各个变量，例如学号 sNum、姓名 sName、性别 sSex、出生日期 sBirth、家庭地址 sHome 等。

（2）StuBean 类定义了多个方法

StuBean 类具有添加学生记录、修改学生信息、删除学生信息、根据学号查询学生信息、根据学号范围查询学生信息、获得新的学号、获得 student 表中所有学号等方法。

添加学生信息的方法：

```
stuAdd(String name, String sex, String birth, String home,String ethnic, String year, String
major, String college)
```

修改学生信息的方法：

```
stuModify(String num, String name, String sex, String birth, String home, String ethnic,
String year, String major,String college)
```

删除学生信息的方法：

```
stuDel(String num)
```

根据指定学号查询学生信息的方法：

```
stuSearch(String num)
```

根据指定的学号范围查询学生信息的方法：

```
stuAllSearch(String xh, String h1,String h2)
```

获得新的学号的方法：

```
getStuId()
```

获得 student 表中的所有学号 snum 的方法：

```
getAllId()
```

（3）注意事项

StuBean 类不能运行，它是为通过窗口界面访问数据库奠定的基础。

5.4.3　创建用户访问数据库的窗口界面类

1. 问题的提出

为了更好地完成访问数据库的任务，在用户层需要创建哪些类来完成什么工作呢？

2. 解题方案

为了方便用户处理不同的业务工作，下面在 src 文件夹下创建一个主窗口界面类。
在主窗口中设计菜单栏、菜单、菜单选项，可以根据选择的菜单选项，打开不同的数据处理窗口界面。

实例 5.16　创建一个访问数据库的主窗口界面类 StuMain，主窗口界面如图 5.29 所示。

解题步骤：

（1）在 EditPlus 主窗口文件编辑区输入 StuMain.java 的源代码。

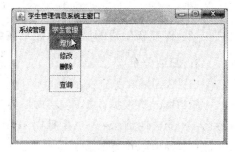

图 5.29　操作数据库的主窗口界面

```
package src;
import java.awt. * ;
import java.awt.event. * ;
import javax.swing. * ;
import src.student. * ;
```

```
public class StuMain extends JFrame implements ActionListener {
    private static final long serialVersionUID = 1L;
    //建立菜单栏
    JMenuBar mainMenu = new JMenuBar();
    //建立"系统管理"菜单组
    JMenu menuSystem = new JMenu();
    JMenuItem itemExit = new JMenuItem();
    //建立"学生管理"菜单组
    JMenu menuStu = new JMenu();
    JMenuItem itemAddS = new JMenuItem();
    JMenuItem itemEditS = new JMenuItem();
    JMenuItem itemDeleteS = new JMenuItem();
    JMenuItem itemSelectS = new JMenuItem();
    //创建窗体模板对象
    public static StuInfo stuInfo = new StuInfo();

    public StuMain() {                                      //程序初始化
        enableEvents(AWTEvent.WINDOW_EVENT_MASK);
        this.setDefaultCloseOperation(JFrame.EXIT_ON_CLOSE);
        this.pack();
        this.setSize(800, 500);
        this.setTitle("学生管理信息系统主窗口");
        try {Init();} catch (Exception e) {e.printStackTrace();}
    }
    private void Init() throws Exception {                  //程序初始化
        Container contentPane = this.getContentPane();
        contentPane.setLayout(new BorderLayout());
        //添加菜单组
        menuSystem.setText("系统管理");  menuSystem.setFont(new Font("Dialog", 0, 12));
        menuStu.setText("学生管理");menuStu.setFont(new Font("Dialog", 0, 12));
        //生成"系统管理"菜单组的选项
        itemExit.setText("退出");itemExit.setFont(new Font("Dialog", 0, 12));
        //生成"学生管理"菜单组的选项
        itemAddS.setText("增加");itemAddS.setFont(new Font("Dialog", 0, 12));
        itemEditS.setText("修改");itemEditS.setFont(new Font("Dialog", 0, 12));
        itemDeleteS.setText("删除");itemDeleteS.setFont(new Font("Dialog", 0, 12));
        itemSelectS.setText("查询");itemSelectS.setFont(new Font("Dialog", 0, 12));
        menuSystem.add(itemExit);                      //添加"系统管理"菜单组
        menuStu.add(itemAddS);                         //添加"学生管理"菜单组
        menuStu.add(itemEditS);
        menuStu.add(itemDeleteS);
        menuStu.addSeparator();
        menuStu.add(itemSelectS);
        //组合菜单栏
        mainMenu.add(menuSystem);
        mainMenu.add(menuStu);
        this.setJMenuBar(mainMenu);

        itemExit.addActionListener(this);              //添加事件侦听
        itemAddS.addActionListener(this);
        itemEditS.addActionListener(this);
        itemDeleteS.addActionListener(this);
```

```
                itemSelectS.addActionListener(this);

                setVisible(true);
                this.addWindowListener(new WindowAdapter() {        //关闭程序时的操作
                        public void windowClosing(WindowEvent e) {System.exit(0);}
                });
        }
        public void actionPerformed(ActionEvent e) {
                Object obj = e.getSource();
                if (obj == itemExit) { System.exit(0);              //退出
                } else if (obj == itemAddS) {                       //学生信息增加
                        AddStuInfo asi = new AddStuInfo();          //创建添加信息对象(窗口)
                        asi.downInit();
                        asi.pack();
                        asi.setVisible(true);
                } else if (obj == itemEditS) {                      //学生信息修改
                        EditStuInfo esi = new EditStuInfo();        //创建编辑信息对象(窗口)
                        esi.downInit();
                        esi.pack();
                        esi.setVisible(true);
                } else if (obj == itemDeleteS) {                    //学生信息删除
                        DelStuInfo dsi = new DelStuInfo();          //创建删除信息对象(窗口)
                        dsi.downInit();
                        dsi.pack();
                        dsi.setVisible(true);
                } else if (obj == itemSelectS) {                    //学生查询
                        StuSearchSnum ssSnum = new StuSearchSnum();  //创建查询信息对象(窗口)
                        ssSnum.pack();
                        ssSnum.setVisible(true);
                }
        }
        public static void main(String[] args) {new StuMain();}
}
```

（2）保存新创建的源程序 StuMain.java,编译源程序。

（3）执行本程序可以打开 4 个窗口对象,因此,要完成本类还要在 student 文件夹中创建其余 4 个窗口类 AddStuInfo（添加信息窗口）、EditStuInfo（修改信息窗口）、DelStuInfo（删除信息窗口）和 StuSearchSnum（查询信息窗口）。

（4）下面通过实例 5.17 介绍 StuSearchSnum 查询信息窗口类的设计方法。其他 3 个窗口类作为作业请读者尝试完成。

实例 5.17　查询数据一般需要指定查询条件。本例设计一个输入查询条件（学号范围）的窗口界面类 StuSearchSnum,在这个窗口中用户可以随意输入学号范围,据此执行数据库的查询工作。输入查询条件的窗口界面如图 5.30 所示。

（5）在 EditPlus 主窗口文件编辑区输入 StuSearchSnum.java 的源代码。

图 5.30　输入查询条件的窗口界面

```
package src. student;
import javax. swing. * ;
import java. awt. * ;
import java. awt. event. * ;
public class StuSearchSnum extends JFrame implements ActionListener {
    Container c;
    JLabel jLabel1 = new JLabel();   JLabel jLabel2 = new JLabel();
    JTextField sFrom = new JTextField(4);   JTextField sTo = new JTextField(4);
    JButton xc = new JButton();

    public StuSearchSnum() {
        this. setTitle("按学号查询");          //设置标题
        this. setResizable(false);
        try {Init();} catch (Exception e) {   e. printStackTrace();}
        //设置运行位置,使对话框居中
        Dimension screenSize = Toolkit. getDefaultToolkit(). getScreenSize();
        this. setLocation((int) (screenSize. width - 400) / 2,
                    (int) (screenSize. height - 300) / 2 + 45);
    }
    private void Init() throws Exception {
        this. setSize(300, 150);
        c = this. getContentPane();   c. setLayout(new FlowLayout());
        jLabel1. setText("请输入学号范围:从");jLabel1. setFont(new Font("Dialog", 0, 12));
        c. add(jLabel1);
        sFrom. setText(null);sFrom. setFont(new Font("Dialog", 0, 12));
        c. add(sFrom);
        jLabel2. setText(" 到 ");jLabel2. setFont(new Font("Dialog", 0, 12));
        c. add(jLabel2);
        sTo. setText(null);sTo. setFont(new Font("Dialog", 0, 12));
        c. add(sTo);
        xc. setText("确定");   xc. setFont(new Font("Dialog", 0, 12));
        c. add(xc);
        xc. addActionListener(this);
    }
    public void actionPerformed(ActionEvent e) {
        Object obj = e. getSource();
        if (obj == xc) {                      // 查询
            ResultStudent rS = new ResultStudent("snum", sFrom. getText(), sTo. getText());
            this. dispose();
        }
    }
}
```

(6) 在输入查询条件的窗口输入 27 与 30,单击"确定"按钮,将创建查询结果对象,打开查询结果窗口,如图 5.31 所示。

实例 5.18 本例设计一个根据输入查询条件显示查询到的结果窗口界面类 ResultStudent,其对象实例窗口如图 5.31 所示。在这个窗口中使用表格对象显示了查询的数据记录。本窗口是在查询窗口单击"确定"按钮后出现的。

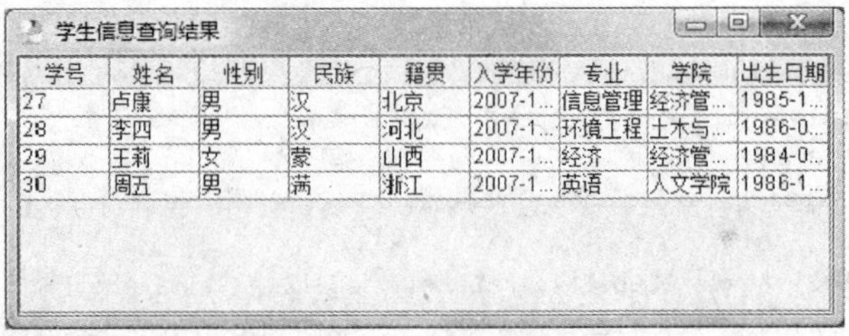

图 5.31　显示根据用户输入的条件的查询结果

（7）在 EditPlus 主窗口文件编辑区输入 ResultStudent.java 的源代码。

```java
package src.student;
import java.awt. * ;
import javax.swing. * ;

public class ResultStudent extends JFrame {
    JLabel jLabel1 = new JLabel();   JButton jBExit = new JButton();
    JScrollPane jScrollPane1;   JTable jTabStuInfo;
    String sNum;
    String[] 列名 = { "学号", "姓名", "性别", "民族", "籍贯", "入学年份", "专业", "学
        院", "出生日期" };
    String[][] 列值;//二维数组变量
    String sColValue;   String sColName;
    String sFromValue;   String sToValue;
    public ResultStudent(String colname, String colvalue) {
        this.sColValue = colvalue;     this.sColName = colname;
        this.setTitle("学生信息查询结果");
        //设置运行位置,使对话框居中
        Dimension screenSize = Toolkit.getDefaultToolkit().getScreenSize();
        this.setLocation((int)(screenSize.width - 400) / 2,
                (int)(screenSize.height - 300) / 2 + 45);
        StuBean rStu = new StuBean();
        try {
            列值 = rStu.stuAllSearch(sColName, sFromValue, sToValue);
            if (列值 == null) {
                JOptionPane.showMessageDialog(null, "没有符合条件的记录");
                this.dispose();
            } else {
                jTabStuInfo = new JTable(列值, 列名);//创建表格对象
                jScrollPane1 = new JScrollPane(jTabStuInfo);
                this.getContentPane().add(jScrollPane1, BorderLayout.CENTER);
                this.pack();
                this.setVisible(true);
            }
        } catch (Exception e) {e.printStackTrace();}
    }
    public ResultStudent(String colname, String fromvalue, String tovalue) {
        this.sColName = colname;
```

```
    this.sFromValue = fromvalue;              this.sToValue = tovalue;
    this.setTitle("学生信息查询结果");
    //设置运行位置,使对话框居中
    Dimension screenSize = Toolkit.getDefaultToolkit().getScreenSize();
    this.setLocation((int)(screenSize.width - 400) / 2,
            (int)(screenSize.height - 300) / 2 + 45);
    StuBean rStu = new StuBean();
    try {
        列值 = rStu.stuAllSearch(sColName, sFromValue, sToValue);
        if (列值 == null) {
            this.dispose();
            JOptionPane.showMessageDialog(null, "没有符合条件的记录");
        } else {
            jTabStuInfo = new JTable(列值, 列名);
            jScrollPane1 = new JScrollPane(jTabStuInfo);
            this.getContentPane().add(jScrollPane1, BorderLayout.CENTER);
            this.pack();
            this.setVisible(true);
        }
    } catch (Exception e) {e.printStackTrace();   }
}
}
```

3. 归纳分析

（1）注意事项

在编译这组类时需要通过主类 StuMain 来进行,编译 StuMain 会同时编译保存在不同子文件夹下的类,不要单独编译子文件夹下的类。

（2）应用程序的结构

这组 Java 应用程序代码虽然有点多,但程序结构分为 3 层不难理解:最下层包含了数据源连接与数据处理准备工作;业务层包含了基本数据的具体操作方法;用户层包含了窗口的创建、菜单栏的创建、各种面板、标签、按钮、文本框、表格组件的创建以及事件处理方法的使用。

（3）多种知识的融合

这组 Java 应用程序需要将 SQL、Access 数据库与 Java 等知识融合在一起使用,希望读者能很好地体会。

5.5　总结提高

1. 结构化查询语言 SQL

要查询存放在数据库中的数据需要使用 SQL 语言,所以本章首先介绍了结构化查询语言 SQL 的基本语句,包括 SQL 的查询语句 SELECT、添加语句 INSERT INTO、更新语句 UPDATE、删除语句 DELETE。

SQL 也非严格的结构化语言，它的句法更接近英语语句，很容易理解。大多数 SQL 语句都是直述其意，读起来就像自然语言一样明了。

SQL 是一种交互式查询语言，允许直接查询存储的数据。利用这一交互特性，可以在很短的时间内解决相当复杂的问题。

SQL 不是 C、COBOL 和 Fortran 那种完整的计算机语言。SQL 没有用于条件测试的 if 语句，也没有用于程序分支的 goto 语句以及循环语句 for 或 do。确切地讲，SQL 是一种数据库子语言，SQL 语句可以被嵌入到另一种语言中，从而使其具有数据库存取功能。通过本章的学习要知道如何将 SQL 语句嵌入在 Java 程序中，以便完成访问数据库的不同任务。

2. Access 数据库

数据需要按照一定的规则存放在数据库中，本章介绍了使用 Access 数据库存放数据的方法。Access 是一种常用的数据库管理系统，与其他数据库管理系统相比，Access 具有以下几个突出的特点。

（1）存储文件单一

一个 Access 数据库文件中可以包含多个数据表、查询、窗体、报表、数据访问页、宏和模块。这些数据库对象都存储在同一个以 .mdb 为扩展名的数据库文件中。在任何时刻，Access 只能打开并运行一个数据库。文件单一，便于计算机外存储器的文件管理，也使得用户操纵数据库及编写应用程序时更为方便。

（2）支持长文件名

Access 支持 Windows 系统的长文件名，并且可以在文件名中加空格，从而可以使用叙述性的标题，使文件便于理解和查找。

（3）兼容多种数据库格式

Access 提供了与其他数据库管理软件包的良好接口，能识别 dBASE、FoxPro、Paradox 等数据库生成的数据库文件。Access 不仅能直接导入 Office 软件包的其他软件，如 Excel、Word 等编辑形成的数据表、文本文件、图形等多种内容，而且自身的数据库内容也可以方便地在这些软件中操作。

（4）具有 Web 网页分布功能

Access 2000 及以上版本都有数据访问页功能。通过创建数据访问页，这些版本可将数据库管理系统移植到浏览器中，从而实现将数据分布到 Internet（或 Intranet）上，以及在 Internet 上管理和操作数据库的功能。

（5）可应用于客户/服务器方式

在 Access 中，可以创建数据库项目，以便将 Access 作为 SQL Server 数据库的前端开发工具来访问、操作并管理后端的 SQL Server 数据库，从而创建出客户/服务器方式的数据库系统。

（6）操作简便、使用方便

Access 具有图形化的用户界面，提供了多种方便实用的操作向导。用户只需进行一些简单的鼠标操作,或者回答对话框的一些提问,就可以完成对数据库的基本操作。

Access 嵌入的 VBA 编程语言是一种可视化的软件开发工具。编写程序时只需把一些常用的文本框、列表框这样的控件摆放到窗体上,即可形成良好的用户界面,必要时再编写一些 VBA 代码即可形成完整的程序。

通过本章的学习要掌握 Access 数据库文件的创建方式和表对象的创建方式,了解主关键字的作用,能够在表对象中存放数据,并学会创建数据源的方法。

3. 通过 Java 访问数据库

通过本章的学习,可以总结出使用 Java 来创建通过窗口界面访问数据库应用程序的基本步骤如下:

(1) 建立数据库文件。

(2) 创建数据源。

(3) 创建数据层的 Java 类。

(4) 创建业务层的 Java 类。

(5) 创建用户层的 Java 类。

5.6　思考与练习

5.6.1　思考题

1. 结构化查询语言 SQL 有什么作用?

2. 结构化查询语言有什么特点?

3. SQL 有哪些常用语句?

4. 在 Java 程序中如何使用 SQL 语句?

5. 为什么要建立数据源? 如何建立数据源?

6. 通过窗口界面访问数据库的 Java 应用程序可以分为哪些层?

5.6.2　上机练习

1. 在 Access 数据库中建立一个学生管理数据库 stuDB,包括:

学生表 student(snum(整型,关键字),sname(文本,50),ssex(文本,2),sethnic(文本,50),shome(文本,50),smajor(文本,50),scollege (文本,50),syear(长整型),sbirth(日期/时间));

课程表 course(cnum(整型,关键字),cname(文本,50),cteacher(文本,50),cplace(文本,50),ctype(文本,50),ctime(文本,50));

成绩表 sc(snum(整型,关键字),cnum(整型,关键字),grade cnum(小数))。

2. 根据上面创建的数据库 stuDB,编写 SQL 语句查询下列问题。

（1）查询所有学生的基本信息。

（2）查询"网站开发实践"课程的上课地点与上课时间。

（3）查询某个同学所选的课程名称及分数。

（4）查询分数超过 90 分的学生名单。

（5）更新课程名"ERP 理论与实践"为"ERP 概论"，上课地点更改为"sd201"。

3．在计算机中使用 Window 操作系统的 ODBC 创建一个连接数据库文件 stuDB .mdb 的名称为 stuDB 的数据源。

4．编写一个连接数据源 stuDB 的类文件。

5．编写一个查询所有课程的课程名、地点、上课时间的程序文件。

6．编写一个更新课程名"ERP 理论与实践"为"ERP 概论"，上课地点更改为"sd201"的程序文件。

7．编写学生信息管理系统中使用的其他类。

第 6 章

Java 程序设计综合应用实例

本章介绍一些 Java 程序设计综合运用的实例，读者可以模仿程序实例开发相应的应用程序。其中可能使用到一些没有介绍的类，希望读者自己去了解。

通过本章的学习，能够掌握：
- ✓ 编写类似于综合应用实例的 Java 程序的方法
- ✓ 综合应用所学知识编写 Java 程序的方法

6.1 数值变换运算

1. 问题的提出

能否创建一个 JApplet 界面,通过文本框输入一个十进制数,单击按钮后就可以看到转换为二进制、八进制、十六进制的数值呢?

2. 解题方案

实例 6.1 创建具有数值转换功能的程序,输入一个十进制数,单击"转换"按钮,可以看到转换的二进制、八进制、十六进制数值。

解题步骤:

(1) 在 EditPlus 主窗口文件编辑区输入如下代码。

```java
//源程序: bh. java
import java.awt. * ;
import java.awt. event. * ;
import javax. swing. * ;

public class bh extends JApplet implements ActionListener {
    JLabel label1 = new JLabel("输入十进制数");TextField field4 = new TextField(6);
    JLabel label2 = new JLabel("二进制数为");TextField field1 = new TextField(6);
    JLabel label3 = new JLabel("八进制数为");TextField field2 = new TextField(6);
    JLabel label4 = new JLabel("十六进制数为");TextField field3 = new TextField(6);
    JButton button1 = new JButton("转换");

    public void init() {                          //初始化
        setLayout(new GridLayout(5,2));
        add(label1); add(field1);
        add(label2); add(field2);
        add(label3); add(field3);
        add(label4); add(field4);
        add(button1);
        button1.addActionListener(this);
    }

    public void actionPerformed(ActionEvent e) {  //处理按钮事件
        int x = Integer. parseInt(field1.getText());
        field2.setText(Integer.toBinaryString(x)); //数值转换为字符串
        field3.setText(Integer.toOctalString(x));
        field4.setText(Integer.toHexString(x));
    }
}
```

（2）保存新创建的源程序为 bh.java，编译源程序为 bh.class。

（3）在 EditPlus 主窗口打开一个文件编辑区输入如下代码。

```
< html >
< applet code = "bh.class" height = 200 width = 400 >
</applet >
</html >
```

（4）保存为 bh.html 文件。

（5）在浏览器中打开 bh.html 文件，在"输入十进制数"文本框输入"321"，单击"转换"按钮，可以看到程序的运行结果如图 6.1 所示。

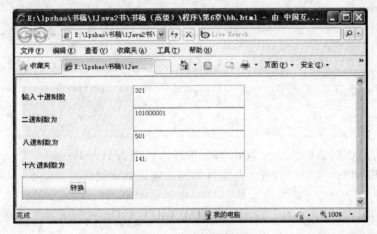

图 6.1　数值转换的结果

6.2　幻灯机效果

1. 问题的提出

能否通过 JApplet 在 HTML 文件中像幻灯片那样连续播放多幅图像呢？

2. 解题方案

创建程序前，在当前程序文件夹下创建"图片"文件夹，存放 6 幅花的图像文件。

实例 6.2　创建具有像幻灯片那样连续播放多幅图像功能的程序。

解题步骤：

（1）在 EditPlus 主窗口文件编辑区输入如下代码。

```
//源程序：Hdj.java
import java.awt.*;
import java.awt.event.*;
import javax.swing.*;

public class Hdj extends JApplet {
```

```
    int index;
    Image imgs[] = new Image[6];

    public void init(){
      addMouseListener(new MouseAdapter() {
        public void mouseClicked(MouseEvent e) {
          index = ++ index % 6;
          repaint();
        }
      });
      for (int i = 0; i < 6; i ++)
        imgs[i] = getImage(getCodeBase(),"花" + (i + 1) + ".gif");
    }

    public void paint(Graphics g){
      if (imgs[index]! = null)
        g.drawImage(imgs[index],60,20,this);
    }
}
```

(2) 保存新创建的源程序为 Hdj.java,编译源程序为 Hdj.class。

(3) 在 EditPlus 主窗口打开一个文件编辑区输入如下代码。

```
< html >
< applet code = " Hdj.class" height = 200 width = 400 >
</applet >
</html >
```

(4) 保存为 Hdj.html 文件。

(5) 在浏览器中打开 Hdj.html 文件,在页面中点击鼠标可逐一显示 6 幅图像,并在显示完 6 幅图像后自动返回第一幅重新开始,程序运行结果如图 6.2 所示。

图 6.2 显示多幅图像

6.3　利用滑块改变背景颜色

1. 问题的提出

能否在窗口界面中通过调整滑块改变窗口的背景颜色呢？

2. 解题方案

通过 JSlider 滚块组件对象可以改变窗口背景颜色。

实例 6.3　创建具有改变背景颜色功能的程序。

解题步骤：

（1）在 EditPlus 主窗口文件编辑区输入如下代码。

```java
//源程序: Gdk.java
import java.awt. * ;
import javax.swing. * ;
import javax.swing.event. * ;

public class Gdk extends JFrame implements ChangeListener{
    private JSliderEx sliderRed, sliderGreen, sliderBlue;
    private JPanel colorPanel, sliderPanel;
    private Color color;

    public Gdk()  {
        super("JSlider 组件");
        setSize(400, 300); Container c = getContentPane();
colorPanel = new JPanel();             //创建颜色面板 colorPanel

        c.add(colorPanel, BorderLayout.CENTER);
        //创建存放三个 JSlider 组件的面板 sliderPanel
        sliderPanel = new JPanel();
        sliderPanel.setBackground(Color.YELLOW);
        sliderPanel.setPreferredSize(new Dimension(400, 150));
        sliderPanel.setLayout(new GridLayout(3, 1, 5, 5));

        //创建 JSlider 组件
        sliderRed = new JSliderEx(this, 0, 255);
        sliderGreen = new JSliderEx(this, 0, 255);
        sliderBlue = new JSliderEx(this, 0, 255);

        //设置组件背景色
        sliderRed.setBackground(Color.RED);
        sliderGreen.setBackground(Color.GREEN);
        sliderBlue.setBackground(Color.BLUE);

        sliderPanel.add(sliderRed);
```

```
        sliderPanel.add(sliderGreen);
        sliderPanel.add(sliderBlue);

        c.add(sliderPanel, BorderLayout.SOUTH);

        setVisible(true);
        setDefaultCloseOperation(JFrame.EXIT_ON_CLOSE);
    }

    public static void main(String[] args) { Gdk d = new Gdk(); }

    public void stateChanged(ChangeEvent event) {       //处理 ChangeEvent 事件
        color = new Color(sliderRed.getValue(), sliderGreen.getValue(),sliderBlue.getValue());
        colorPanel.setBackground(color); }

    class JSliderEx extends JSlider  {
    public JSliderEx(ChangeListener listener, int min, int max){
        super(min, max);
        setPaintTicks(true);                 //设置是否在 JSlider 加上刻度
        setMajorTickSpacing(15);             //设置大刻度之间的距离
        setMinorTickSpacing(3);              //设置小刻度之间的距离
        setPaintLabels(true);                //设置是否数字标记
        addChangeListener(listener);         //添加事件监视器
        }
    }
}
```

（2）保存新创建的源程序为 Gdk.java，编译源程序为 Gdk.class。

（3）运行程序，结果如图 6.3 所示。

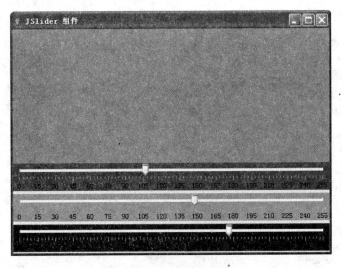

图 6.3 滑块组件的运用

6.4　Applet 与 Application 合并运行的程序

1. 问题的提出

Java Applet 和 Application 的区别在于运行方式的不同,那么能不能将它们合并起来,即让同一个程序既可以由浏览器运行又可以单独运行呢?

2. 解题方案

从程序结构上看,Applet 必须从 java. applet. Applet 继承,而 Application 则必须有一个公共方法 main。另外,两者的主线程也不同。Applet 由 init 方法进行初始化工作,而 Application 则由 main 方法启动程序。由于存在上述差别,编写 Applet 和 Application 合并运行的程序必须遵守一定的规则。

首先,程序应该是 java. applet. Applet 的子类,这是以 Applet 方式运行的必要条件。如果程序设计成 JFrame 的子类就无法以 Applet 方式运行。其次,需要生成程序的一个实例对象,通过调用对象的 init 方法进行初始化。

具体解题方案参见实例 6.4。

实例 6.4　创建具有 Applet 与 Application 合并运行功能的程序。

解题步骤:

(1) 在 EditPlus 主窗口文件编辑区输入如下代码。

```java
//源程序: AppDemo.java
import java.awt. * ;
import javax. swing. * ;
import java. awt. event. * ;
import java. applet. * ;

public class AppDemo extends JApplet implements ActionListener {
    JButton button;
    JTextField field;

    public static void main(String[] args) {
        JFrame window = new JFrame("AppDemo");          //创建窗口对象
        window. setBounds(200,200,500,400);             //设置窗口位置、窗口大小
        AppDemo app = new AppDemo();                    //创建程序对象
        window. add("Center", app);                     //将程序对象添加到窗口
        app. init();                                    //调用程序的初始化方法
        window. setVisible(true);                       //设置窗口是否为可见
        window. setDefaultCloseOperation(JFrame. EXIT_ON_CLOSE);
    }

    public void init() {
        button = new JButton("显示");
```

```
    button.addActionListener(this);
    field = new JTextField(23);
    add(field);   add(button);
  }

public void actionPerformed(ActionEvent e) {field.setText("Applet 与 Application 的合并运行"); }
}
```

（2）保存新创建的源程序为 AppDemo.java，编译源程序为 AppDemo.class。

（3）在 EditPlus 主窗口打开一个文件编辑区输入如下代码。

```
< html >
< applet code = " AppDemo.class"   height = 200   width = 400 >
</applet >
</html >
```

（4）保存为 AppDemo.html 文件。

（5）在浏览器中打开 AppDemo.html 文件，程序运行结果如图 6.4 所示。

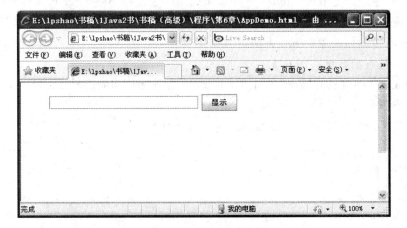

图 6.4   Applet 界面

（6）以 Application 方式运行 AppDemo.class 文件，结果如图 6.5 所示。

图 6.5   窗口界面

6.5　对象的克隆

1. 问题的提出

现实当中有克隆技术，现在已经可以克隆羊、克隆牛，那么 Java 程序能否实现克隆呢？

2. 解题方案

Java 技术可以实现从现存的对象复制出一个完全一样的副本，称为克隆技术。克隆由 Object 类的方法 clone 实现。

具体的克隆方法参见实例 6.5。

实例 6.5　创建具有克隆对象功能的程序。

解题步骤：

(1) 在 EditPlus 主窗口文件编辑区输入如下代码。

```java
//源程序: Clone. java
import java.awt. * ;
import javax. swing. * ;

class DrawOval implements Cloneable {
  int x, y, width, height;

  public void setPos( int x1, int y1) { x = x1;   y = y1; }

  public void setOval( int w, int h){ width = w; height = h; }

  public void draw(Graphics g) {g. drawOval(x, y, width, height);}

  protected Object clone() {
    try {
      DrawOval clonedObject = (DrawOval)super. clone();
      return clonedObject;
    }catch (CloneNotSupportedException e){throw new InternalError();}
  }
}

public class Clone extends JApplet {
  public void paint(Graphics g) {
    DrawOval c[ ] = new DrawOval[10];
    DrawOval a = new DrawOval();
    a. setPos(20,20);
    a. setOval(60,60);
    for (int i = 0; i < 10; i ++ ) {
      c[ i ] = (DrawOval)a. clone();
```

```
        c[i].setPos(20 + i * 20,20 + i * 4);
        c[i].draw(g);
    }
  }
}
```

（2）保存新创建的源程序为 Clone.java，编译源程序为 Clone.class。

（3）在 EditPlus 主窗口打开一个文件编辑区输入如下代码。

```
< html >
< applet code = " Clone.class"  height = 200  width = 400 >
</applet >
</html >
```

（4）保存为 Clone.html 文件。

（5）在浏览器中打开 Clone.html 文件，程序运行结果如图 6.6 所示。

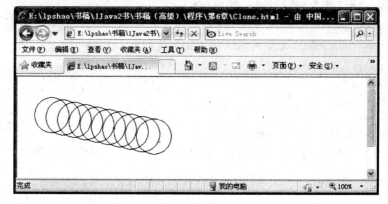

图 6.6　克隆对象

6.6 正弦曲线

1. 问题的提出

Java 程序能否根据数学公式画出正弦曲线呢？

2. 解题方案

实例 6.6　创建具有画出正弦曲线功能的程序。

解题步骤：

（1）在 EditPlus 主窗口文件编辑区输入如下代码。

```
//源程序：Sinline.java
import java.applet. * ;
import java.awt. * ;
import java.awt.event. * ;
```

```java
import java.awt.Color;
import javax.swing. * ;
public class Sinline extends Applet implements ActionListener{
  int x,y;double a;
  JButton bn1 = new JButton("正弦波形");
  JButton bn2 = new JButton("清除");
  public void init(){
    add(bn1);add(bn2);
    bn1.addActionListener(this);
    bn2.addActionListener(this);
  }
  public void actionPerformed(ActionEvent e){
    Graphics g = getGraphics();
    g.drawLine(180,20,180,160);  g.drawLine(0,80,360,80);
    g.setColor(Color.red);
    if(e.getSource() == bn1){
    for(x = 0;x < = 360;x + = 1){
      a = Math.sin(x * Math. PI/180);
      y = (int)(80 + 40 * a);
    g.drawString(".",x,y);}
  }
  if(e.getSource() == bn2) repaint();}
}
```

（2）保存新创建的源程序为 Sinline.java，编译源程序为 Sinline.class。

（3）在 EditPlus 主窗口打开一个文件编辑区输入如下代码。

```html
< html >
< applet code = " Sinline.class"   height = 200   width = 400 >
</applet >
</html >
```

（4）保存为 Sinline.html 文件。

（5）在浏览器中打开 Sinline.html 文件，程序运行结果如图 6.7 所示。单击"正弦波形"按钮，可在页面中看到画出的一条正弦曲线。单击"清除"按钮，可以清除曲线。

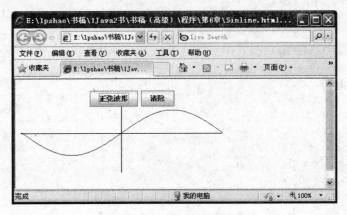

图 6.7　正弦曲线图形

6.7 四叶玫瑰曲线

1. 问题的提出

Java 程序如何根据数学公式画出四叶玫瑰曲线？又如何改变曲线的颜色？

2. 解题方案

实例 6.7 创建具有画出四叶玫瑰曲线并能改变曲线颜色功能的程序。

解题步骤：

（1）在 EditPlus 主窗口文件编辑区输入如下代码。

```java
//源程序：Rose.java
import java.awt. * ;
import java.applet.Applet;
import javax.swing. * ;
import java.awt.event. * ;
import java.awt.Color;
public class Rose extends JApplet implements ItemListener{
    Color color = Color.black;                    //画线的颜色
    CheckboxGroup cg1 ;
    Checkbox  cb1,cb2,cb3;

    public void init() {
        setBackground(Color.white);
        setLayout(new FlowLayout());
        cg1 = new CheckboxGroup();
        cb1 = new Checkbox("blue",cg1,true);
        cb2 = new Checkbox("red",cg1,false);
        cb3 = new Checkbox("green",cg1,false);
        cb1.addItemListener(this);
        cb2.addItemListener(this);
        cb3.addItemListener(this);
        add(cb1); add(cb2); add(cb3);      }

    public void paint(Graphics g) {
        int x0,y0,w1,h1;                        //原点坐标
        w1 = 600;h1 = 300;
        x0 = w1/2;
        y0 = h1/2;
        g.setColor(color);
        g.drawLine(x0,10,x0,h1);
        g.drawLine(0,y0,w1,y0);
        int i,j = 40,x,y;
        double pi = 3.14,angle,r;
        while  (j < 200)  {
```

```
        for (i = 0;i < 1023;i ++ ) {
            angle =  i * pi/512;
            r = j * Math. sin(2 * angle);
            x = ( int) Math. round(r * Math. cos(angle) * 2);
            y = ( int) Math. round(r * Math. sin(angle));
            g. fillOval(x0 + x,y0 + y,1,1);  }    //画圆点
        j = j + 20; }
    new Rose(). setVisible(true); }

public void itemStateChanged(ItemEvent e){          //选中单选按钮时
    if (e. getSource() == cb1)                      //判断产生事件对象 e 的组件是哪个
            color = Color. blue;
        if (cb2. getState())    .                   //判断单选按钮 cb2 的状态
            color = Color. red;
        if (cg1. getSelectedCheckbox() == cb3)      //判断复选框组 cg1 选中的是哪个
            color = Color. green;
        repaint(); }                                //重画
}
```

（2）保存新创建的源程序为 Rose.java,编译源程序为 Rose.class。

（3）在 EditPlus 主窗口打开一个文件编辑区输入如下代码。

```
< html >
< applet code = "Rose.class"   height = 400   width = 600 >
</applet >
</html >
```

（4）保存为 Rose.html 文件。

（5）在浏览器中打开 Rose.html 文件,程序运行结果如图 6.8 所示,选择不同的颜色选项,可画出不同颜色的四叶玫瑰曲线。

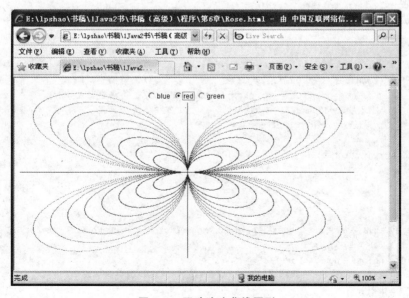

图 6.8　四叶玫瑰曲线图形

6.8 在画布上手工画图

1. 问题的提出

在 Applet 界面中能够创建画布,并且用鼠标在画布上画画和写字吗?

2. 解题方案

实例 6.8 创建具有在画布上画直线和画点功能的程序。本例中,使用了画布、向量类 Vector、Rectangle 四边形类,还定义了一个内部类。

解题步骤:

(1) 在 EditPlus 主窗口文件编辑区输入如下代码。

```java
//源程序: Thb.java
import java.applet.Applet; import java.awt. * ; import java.awt.event. * ;
import java.util.Vector; import java.awt.Rectangle;
import javax.swing. * ;
public class Thb extends Applet implements ActionListener {
  JButton line, point, clear;
  MyCanvas2 c;

  public void init() {
    c = new MyCanvas2();
    c.setSize(350,200); c.setBackground(Color.green);
    line = new JButton("画线"); point = new JButton("画点"); clear = new JButton("清除");
    add(line); add(point); add(clear); add(c);
    line.addActionListener(this);
    point.addActionListener(this);
    clear.addActionListener(this);
  }

  public void actionPerformed(ActionEvent e) {
  if (e.getSource() == line)   c.mode = 0;         //设为画直线模式
      else if (e.getSource() == point) c.mode = 1;   //设为画连续点模式
      else if (e.getSource() == clear) {             //清除画面
        c.points = new Vector();
        c.x1 = -1;
        c.repaint();
      }
    }
  }
}

class MyCanvas2 extends Canvas implements MouseListener,MouseMotionListener {
  int x1, y1, x2, y2, mode;
  Vector points = new Vector();

  MyCanvas2() {
```

```
      addMouseListener(this);
      addMouseMotionListener(this);
    }

  public void paint(Graphics g) {
    for (int i = 0;i < points.size();i++) { //所有操作结果被重新画出
      Rectangle r = (Rectangle)points.elementAt(i);
      g.drawLine(r.x, r.y, r.width, r.height); }
    if (x1! = -1 && mode == 0)                      //画当前直线
      g.drawLine(x1, y1, x2, y2);
  }

  public void mousePressed(MouseEvent e) {    //记录起点坐标
    x1 = e.getX(); y1 = e.getY();
  }

  public void mouseDragged(MouseEvent e) {
    if (mode == 0) {                            //记录当前坐标
      x2 = e.getX(); y2 = e.getY(); }
    else {                          //画连续点时保存每一个笔画的起点和当前坐标
      points.addElement(new Rectangle(x1, y1, e.getX(), e.getY()));
      x1 = e.getX(); y1 = e.getY(); }
    repaint();
  }

  public void mouseReleased(MouseEvent e) {
    if (mode == 0)                    //保存当前直线的起点和终点坐标
      points.addElement(new Rectangle(x1, y1, e.getX(), e.getY()));
  }

  public void mouseClicked(MouseEvent e) {}
  public void mouseEntered(MouseEvent e) {}
  public void mouseExited(MouseEvent e) {}
  public void mouseMoved(MouseEvent e) {}
}
```

（2）保存新创建的源程序为 Thb.java，编译源程序为 Thb.class。

（3）在 EditPlus 主窗口打开一个文件编辑区输入如下代码。

```
<html>
<applet code = " Thb.class"  height = 200   width = 400>
</applet>
</html>
```

（4）保存为 Thb.html 文件。

（5）在浏览器中打开 Thb.html 文件，程序运行结果如图 6.9 所示。使用鼠标在画布上可以画直线和画点。点击"画线"按钮可画直线，点击"画点"按钮可画连续点，点击"清除"按钮可清除画面上的所有内容。图 6.9 显示的是通过鼠标使用直线画出的旗子，再用画点的方法画出字"我们"。

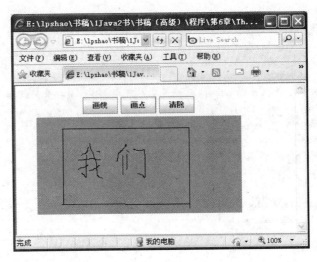

图 6.9　图画板

6.9　电闪雷鸣的动画

1. 问题的提出

在 Applet 界面中能够显示带有音乐的动画吗?

2. 解题方案

创建程序前,在当前程序文件夹下创建"图片"文件夹,存放表现不同时期动画效果的多张图片,创建"音乐"文件夹存放配音的音乐文件。

实例 6.9　创建通过按钮控制配音和动画的开始和停止功能的程序。本例动画显示了电闪雷鸣的场面。

解题步骤:

(1) 在 EditPlus 主窗口文件编辑区输入如下代码。

```java
//源程序: dh.java
import java.awt. * ;
import java.applet. * ;
import java.awt.event. * ;
import javax.swing. * ;
public class dh extends Applet implements Runnable,ActionListener{
    Image iImages[];                    //图像数组
    Thread aThread;
    int iFrame;                         //图像数组下标
    AudioClip au;                       //定义一个声音对象
    Button b1,b2;
    public void init() {
        int i,j;
```

```java
        iFrame = 0; aThread = null;
        iImages = new Image[10];
        for (i = 0;i < 10;i ++ ) {
            iImages[i] = getImage(getCodeBase(),"图片/" + "tu" + (i + 1) + ".JPG");
        }
        au = getAudioClip(getDocumentBase(),"音乐/Sound.wav");
        au.play();                                          //播放一次声音文件
        Panel p1 = new Panel();
        b1 = new Button("开始"); b2 = new Button("停止");
        p1.add(b1); p1.add(b2);
        b1.addActionListener(this); b2.addActionListener(this);
        setLayout(new BorderLayout());
        add(p1,"South");
    }
    public void start() {
        if (aThread == null) {
            aThread = new Thread(this);
            aThread.start();                                //线程启动
            b1.setEnabled(false); }
    }
    public void stop() {
        if (aThread != null) {
            aThread.interrupt();                            //线程中断
            aThread = null;
            au.stop();}                                     //停止播放声音文件
    }
    public void run() {
        while (true) {
            iFrame ++ ;
            iFrame % = (iImages.length);                    //下一幅图像的下标
            repaint();
            try { Thread.sleep(50); }
            catch (InterruptedException e)   {              //中断时抛出
                break; }                                    //退出循环
        }
    }
    public void update(Graphics g) {
        g.drawImage(iImages[iFrame],0,0,this);
    }
    public void actionPerformed(ActionEvent e) {
        if ((e.getSource() == b1) && (aThread == null) ){   //单击 Start 按钮时触发
            aThread = new Thread(this);
            aThread.start();                                //线程启动
            b1.setEnabled(false); b2.setEnabled(true);
            au.loop();}                                     //循环播放声音文件
        if ((e.getSource() == b2) && (aThread != null) ) {  //单击 Stop 按钮时触发
            aThread.interrupt();                            //线程中断
            aThread = null;
            b1.setEnabled(true); b2.setEnabled(false);
```

```
            au.stop();}                          //停止播放声音文件
        }
}
```

（2）保存新创建的源程序为 dh.java，编译源程序为 dh.class。

（3）在 EditPlus 主窗口打开一个文件编辑区输入如下代码。

```
<html>
<applet code = "dh.class" height = 200 width = 400>
</applet>
</html>
```

（4）保存为 dh.html 文件。

（5）在浏览器中打开 dh.html 文件，程序运行结果如图 6.10 所示。

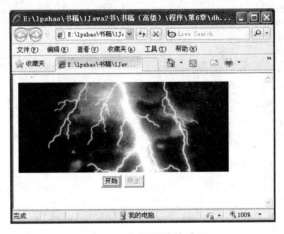

图 6.10 电闪雷鸣的动画

6.10 文字动画

1. 问题的提出

在 Applet 界面中能够显示文字动画吗？

2. 解题方案

实例 6.10 创建一个 Applet 界面程序，可以显示一个由小连续变大的字符串。

解题步骤：

（1）在 EditPlus 主窗口文件编辑区输入如下代码。

```
import java.awt. * ;
import javax.swing. * ;

public class dh2 extends JApplet implements Runnable {
```

```java
    Image buffer;
    Graphics gContext;
    Thread animate;
    String s = "这是文字动画";
    int w, h, x, y, size = 12;

    public void init() {
        w = getWidth(); h = getHeight();
        buffer = createImage(w, h);
        gContext = buffer.getGraphics();
        gContext.setColor(Color.red);
    }

    public void start() {
        if (animate == null){
            animate = new Thread(this);
            animate.start(); }
    }

    public void stop() {
        if (animate! = null)
            animate = null;
    }

    public void run() {
        while(true) {
            x = (w - s.length() * size)/2; y = (h + size)/2;
            gContext.setFont(new Font("宋体", Font.PLAIN, size));
            gContext.drawString(s, x, y);
            repaint();
            try {
                animate.sleep(50);
            } catch (InterruptedException e) {}
            gContext.clearRect(0, 0, w, h);
            if ( ++ size > 40)
                size = 12;
        }
    }

    public void paint(Graphics g) {
        g.drawImage(buffer, 0, 0, this);
    }

    public void update(Graphics g) {
        paint(g);
    }
}
```

（2）保存新创建的源程序为 dh2.java，编译源程序为 dh2.class。

（3）在 EditPlus 主窗口打开一个文件编辑区输入如下代码。

```
<html>
<applet code="dh2.class"  height=200  width=400>
</applet>
</html>
```

（4）保存为 dh2.html 文件。

（5）在浏览器中打开 dh2.html 文件，程序运行结果如图 6.11 所示。

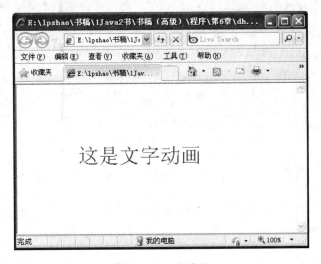

图 6.11　文字动画

6.11　控制移动的文字

1. 问题的提出

通过多线程能够分别控制文字移动吗？

2. 解题方案

实例 6.11　创建具有在 Applet 界面上分别控制文字移动功能的程序。

解题步骤：

（1）在 EditPlus 主窗口文件编辑区输入如下代码。

```
//源程序：Welcome.java
import java.awt.*;
import java.awt.event.*;import java.applet.*;
import javax.swing.*;
public class Welcome extends Applet implements ActionListener{
    static Welcome.Thread3 wt1,wt2;
```

```java
public void init() {
    wt1 = new Thread3("你好!");
    wt2 = new Thread3("我在移动!");
    wt2.start();
    wt2.setButton();                              //设置按钮状态
    setLayout(new GridLayout(4,1));
}
public class Thread3 extends Thread {
    Panel p1; JLabel lb1;
    JTextField tf1,tf2; JButton b1,b2;
    int sleeptime = (int)(Math.random() * 100);
    public Thread3(String str) {
        super(str);
        for(int i = 0;i < 100;i ++ )
            str = str + " ";
        tf1 = new JTextField(str);
        add(tf1);
        p1 = new Panel();
        p1.setLayout(new FlowLayout(FlowLayout.LEFT));
        lb1 = new JLabel("sleep"); tf2 = new JTextField("" + sleeptime);
        p1.add(lb1); p1.add(tf2);
        b1 = new JButton("启动"); b2 = new JButton("中断");
        p1.add(b1); p1.add(b2);
        b1.addActionListener(new Welcome());
        b2.addActionListener(new Welcome());
        add(p1);
    }
    public void run() {
        String str;
        while (this.isAlive() && !this.isInterrupted()){
            try {                                 //线程活动且没中断时
                str = tf1.getText();
                str = str.substring(1) + str.substring(0,1);
                tf1.setText(str);
                this.sleep(sleeptime); }
            catch(InterruptedException e){        //中断时抛出
                System.out.println(e);
                break; }                          //退出循环
        }
    }
    public void setButton(){                       //设置按钮状态
        if (this.isAlive())        b1.setEnabled(false);
        if (this.isInterrupted())  b2.setEnabled(false);
    }
}
public void actionPerformed(ActionEvent e) {       //单击按钮时触发
    if ((e.getSource() == wt1.b1) || (e.getSource() == wt1.b2))
        actionPerformed(e,wt1);
    if ((e.getSource() == wt2.b1) || (e.getSource() == wt2.b2))
```

```
                actionPerformed(e,wt2);
        }
        public void actionPerformed(ActionEvent e,Thread3 wt1) {        //重载
            if(e.getSource() == wt1.b1) {                                //启动
                wt1.sleeptime = Integer.parseInt(wt1.tf2.getText());
                wt1.start();}
            if(e.getSource() == wt1.b2)                                  //中断
                wt1.interrupt();
            wt1.setButton();                                             //设置按钮状态
        }
    }
```

（2）保存新创建的源程序为 Welcome. java，编译源程序为 Welcome. class。

（3）在 EditPlus 主窗口打开一个文件编辑区输入如下代码。

```
<html>
<applet code = " Welcome. class"   height = 200   width = 400>
</applet>
</html>
```

（4）保存为 Welcome. html 文件。

（5）在浏览器中打开 Welcome. html 文件，程序运行结果如图 6.12 所示。

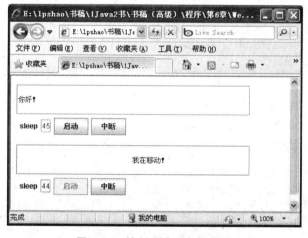

图 6.12   控制移动文字的界面

6.12   图形钟

1. 问题的提出

在 Applet 界面上能够创建一个显示当前时间的图形钟吗？

2. 解题方案

实例 6.12   创建具有在 Applet 界面上用图形显示当前时间功能的程序。

解题步骤：

（1）在 EditPlus 主窗口文件编辑区输入如下代码。

```java
//源程序：Clock.java
import java.awt.Color;
import java.util.*;
import java.awt.*;
import javax.swing.*;
public class Clock extends JApplet implements Runnable {
    Thread timer = null;
    int lastxs = 50, lastys = 30, lastxm = 50, lastym = 30, lastxh = 50, lastyh = 30;

public void init(){setBackground(Color.white);}

    public void paint(Graphics g) {                    //显示数字和图形时钟的方法
        int xh, yh, xm, ym, xs, ys, s, m, h, xcenter, ycenter;
    Calendar rightnow = Calendar.getInstance();      //获取当前时间
        s = rightnow.get(rightnow.SECOND);
        m = rightnow.get(rightnow.MINUTE);
        h = rightnow.get(rightnow.HOUR);
        xcenter = 100;                                //图形钟的原点
        ycenter = 80;                                 //以下公式用来计算秒针、分针、时针位置
        xs = (int)(Math.cos(s * 3.14f/30 - 3.14f/2) * 45 + xcenter);
        ys = (int)(Math.sin(s * 3.14f/30 - 3.14f/2) * 45 + ycenter);
        xm = (int)(Math.cos(m * 3.14f/30 - 3.14f/2) * 40 + xcenter);
        ym = (int)(Math.sin(m * 3.14f/30 - 3.14f/2) * 40 + ycenter);
        xh = (int)(Math.cos((h * 30 + m/2) * 3.14f/180 - 3.14f/2) * 30 + xcenter);
        yh = (int)(Math.sin((h * 30 + m/2) * 3.14f/180 - 3.14f/2) * 30 + ycenter);
        g.setFont(new Font("TimesRoman", Font.PLAIN, 14));
        g.setColor(Color.orange);                     //设置表盘颜色
        g.fill3DRect(xcenter - 50, ycenter - 50, 100, 100, true);   //画表盘
        g.setColor(Color.darkGray);                   //设置表盘数字颜色
        g.drawString("9", xcenter - 45, ycenter + 3); //画表盘上的数字
        g.drawString("3", xcenter + 40, ycenter + 3);
        g.drawString("12", xcenter - 5, ycenter - 37);
        g.drawString("6", xcenter - 3, ycenter + 45);

        //时间变化时,需要重新画各个指针,即先消除原有指针,然后画新指针
        g.setColor(Color.orange);                     //用表的填充色画线,可以消除原来画的线
        if (xs != lastxs || ys != lastys){            //秒针变化
            g.drawLine(xcenter, ycenter, lastxs, lastys); }
        if (xm != lastxm || ym != lastym) {           //分针变化
            g.drawLine(xcenter, ycenter - 1, lastxm, lastym);
            g.drawLine(xcenter - 1, ycenter, lastxm, lastym); }
        if (xh != lastxh || yh != lastyh) {           //时针变化
            g.drawLine(xcenter, ycenter - 1, lastxh, lastyh);
            g.drawLine(xcenter - 1, ycenter, lastxh, lastyh); }
        g.setColor(Color.red);                        //使用红色画新指针
        g.drawLine(xcenter, ycenter, xs, ys);
```

```
                g. drawLine(xcenter, ycenter - 1, xm, ym);
                g. drawLine(xcenter - 1, ycenter, xm, ym);
                g. drawLine(xcenter, ycenter - 1, xh, yh);
                g. drawLine(xcenter - 1, ycenter, xh, yh);
                lastxs = xs; lastys = ys;           //保存指针位置
                lastxm = xm; lastym = ym;
                lastxh = xh; lastyh = yh; }

        public void start()  {                       //启动线程的方法
                        if(timer == null)  {
                        timer = new Thread(this);
                        timer. start(); }}

        public void run(){                           //每隔一秒钟,刷新一次画面的方法
                while (timer ! = null) {
                    try  { Thread. sleep(1000); }catch (InterruptedException e) {}
                    repaint();}                      //调用 paint()方法重画时钟
                timer = null; }

        public void stop(){timer = null; }           //停止线程的方法

        public void update(Graphics g)  {            //重写 update 方法是为了降低闪烁现象
                paint(g); }
        }
```

（2）保存新创建的源程序为 Clock. java，编译源程序为 Clock. class。

（3）在 EditPlus 主窗口打开一个文件编辑区输入如下代码。

```
< html >
< applet code = " Clock.class"   height = 200   width = 400 >
</applet >
</html >
```

（4）保存为 Clock. html 文件。

（5）在浏览器中打开 Clock. html 文件，程序运行结果如图 6.13 所示。

图 6.13 图形钟

6.13　水中倒影

1. 问题的提出

使用 Java 程序能够将一幅图片变换为一幅带有水中倒影的图片吗？

2. 解题方案

先将要创建倒影的图片存放在当前程序下创建的文件夹"图片"下。注意图片最好是 .gif 格式文件。

实例 6.13　创建具有将图片变换为带有水中倒影图片功能的程序。本程序制作出一幅图像的水中倒影，并能显示动态的水波纹，非常漂亮。

解题步骤：

(1) 在 EditPlus 主窗口文件编辑区输入如下代码。

```java
import java.awt. * ;
import javax.swing. * ;

public class Dy extends JApplet implements Runnable {
  Thread td; Image img,buffer;
  Graphics g1; int width,height;

  public void init() {
    img = getImage(getCodeBase(),"图片/T00.gif");
    MediaTracker tracker = new MediaTracker(this);      //创建图像加载跟踪器
    tracker.addImage(img,0);                            //添加要跟踪的图像,代号为 0
    try { tracker.waitForID(0);                         //等待图像加载完毕
    } catch (InterruptedException e) {}
    width = img.getWidth(this);
    height = img.getHeight(this)/2;                     //仅使用图像的一半
    buffer = createImage(2 * width,height);            //创建后台屏幕,原始图像的两倍宽度
    g1 = buffer.getGraphics();
    g1.drawImage(img,0, - height,this);               //图像的下半部分画到后台屏幕
    for (int i = 0;i < height;i ++ )                   //将图像逐线复制,生成图像倒影
      g1.copyArea(0,i,width,1,width,(height - 1) - 2 * i); //复制到后台屏幕右半边
    g1.clearRect(0,0,width,height);                   //清除后台屏幕左半边
  }

  public void start() {if (td == null) { td = new Thread(this);td.start();}}

  public void run() {
    int dy,num = 0; double d;
    while (true) {
      d = num * Math.PI/6;   //生成一个角度,共有 12 个值
      for (int i = 0;i < height;i ++ ) {
```

```
        dy = (int)((i/12.0D + 1) * Math.sin(height/12.0D * (height - i)/(i + 1) + d));//经验公式
        g1.copyArea(width, i + dy, width, 1, - width, - dy);    //从右向左复制生成波纹
      }
      repaint();
      num = ++ num % 12;
      try {Thread.sleep(50);} catch (InterruptedException e) {}
    }
  }

  public void paint(Graphics g) {
    g.drawImage(img, 0, - height, this);        //显示图像的下半部分
    g.drawImage(buffer, 0, height, this);        //显示图像倒影,合成一幅完整图像
  }
  public void update(Graphics g) {paint(g);}
  public void stop() {if (td! = null) td = null;}
}
```

（2）保存新创建的源程序为 Dy.java，编译源程序为 Dy.class。

（3）在 EditPlus 主窗口打开一个文件编辑区输入如下代码。

```
< html >
< applet code = Dy.class   width = 680   height = 455 >
</applet>
</html>
```

（4）保存为 Dy.html 文件。注意，编写 html 文件时，要根据选用倒影的图片的大小来确定 Applet 的大小。

（5）在浏览器中打开 Dy.html 文件，程序运行结果如图 6.14 所示。

图 6.14　水中倒影

6.14　网上购物结算窗口

1. 问题的提出

如果在窗口中输入一条数据记录,可以将数据保存在什么地方呢? 能够在 JApplet 界面显示出保存的数据记录吗?

2. 解题方案

通过文本框对象,可以将用户输入的数据保存在 Vector 向量中,通过标签对象可以将保存在 Vector 向量中的数据记录显示在 JApplet 界面上。

在实例 6.14 中设计了一个具有购物记录、购物结算功能的窗口界面,其中使用了内部类和 Vector 向量。在 JApplet 界面上,可输入购买记录,单击"添加"按钮可以保存记录到 Vector 向量中,并同时在窗口界面上显示添加的记录;单击"定位"按钮,可以选择要删除的记录,单击"删除"按钮可以删除记录;单击"付款"按钮,可以给出购买物品的总额;单击"清空"按钮,可清空当前保存的所有记录。

实例 6.14　创建具有购物记录与结算功能的程序。

解题步骤:

(1) 在 EditPlus 主窗口文件编辑区输入如下代码。

```java
//源程序: Gw.java
import java.util. * ;
import java.awt. * ;
import java.awt.event. * ;
import javax.swing. * ;
public class Gw extends JApplet implements ActionListener {
  Vector vect = new Vector();
  JLabel label1,label2,label0;
  JTextField t0,t1,t2,t3;
  JTextArea area;
  JButton btn1, btn2, btn3, btn4, btn5, btn6,btn7,btn8,btn9;
  Container c;
  JPanel p1,p2,p3;
  public void init() {
    c = getContentPane();
    p1 = new JPanel(new FlowLayout());
    p2 = new JPanel(new FlowLayout());
    p3 = new JPanel(new FlowLayout());

    vect = new Vector(1,1);
    label0 = new JLabel("品名");
    label1 = new JLabel("数量");
    label2 = new JLabel("单价");
```

```
        t0 = new JTextField(10);
        t1 = new JTextField(10);
        t2 = new JTextField(10);
        t3 = new JTextField(4);
        area = new JTextArea(10,50); btn1 = new JButton("添加");
        btn2 = new JButton("删除"); btn3 = new JButton("定位");
        btn4 = new JButton("清空"); btn5 = new JButton("付款");
        btn6 = new JButton("清单");btn7 = new JButton("清屏");
        btn8 = new JButton("首位");btn9 = new JButton("末位");
        c.add(p1,BorderLayout.NORTH);
        c.add(p2,BorderLayout.SOUTH);
        c.add(p3,BorderLayout.CENTER);

        p1.add(label0);p1.add(t0);
        p1.add(label1);p1.add(t1);
        p1.add(label2);p1.add(t2);
        p1.add(btn1);
        p2.add(btn2);p2.add(btn3);
        p2.add(t3);p2.add(btn4);
        p2.add(btn5);p2.add(btn6);p2.add(btn7);
        p2.add(btn8);p2.add(btn9);
        p3.add(new JScrollPane(area));

        btn1.addActionListener(this);btn2.addActionListener(this);
        btn3.addActionListener(this);btn4.addActionListener(this);
        btn5.addActionListener(this);btn6.addActionListener(this);
        btn7.addActionListener(this);btn8.addActionListener(this);
        btn9.addActionListener(this);
    }

    public void actionPerformed (ActionEvent e) {
        list v = new list(t0.getText(),t1.getText(),t2.getText());
        String s0 = t0.getText() + t1.getText() + "斤,单价" + t2.getText() + "元";

    if (e.getSource() == btn1) {
            vect.addElement(v);
            int k1 = vect.indexOf(v);
            area.append("添加" + k1 + "记录: " + s0 + "\n");
            t3.setText(String.valueOf(k1));
        }
        else if (e.getSource() == btn2) {
            int k1 = Integer.parseInt(t3.getText());
            vect.removeElementAt(k1);
            area.append("\n" + "删除了记录: " + s0 + "\n");
        }
        else if (e.getSource() == btn3) {
            int k = Integer.parseInt(t3.getText());
            list l1 = (list)vect.elementAt(k);
            t0.setText(l1.pm); t1.setText(l1.number); t2.setText(l1.dj);
```

```
    }
    else if (e.getSource() == btn4) {
        vect.clear();
        area.append("清除所有记录: " + vect.size() + "\n");
    }
    else if (e.getSource() == btn5) {
        area.append("您购买了" + vect.size() + "种物品");
        double s = 0;
        for (int i = 0; i < vect.size(); i++){
        list r = (list)vect.elementAt(i);
        s = s + Integer.parseInt(r.number) * Double.parseDouble(r.dj);}
        area.append("总金额为: " + s + "元,请付款,谢谢." + "\n");
    }
    else if (e.getSource() == btn6) {
        area.append("\n" + "您购买了" + vect.size() + "种物品,如下所示: " + "\n");
        String t = "";
        for (int i = 0; i < vect.size(); i++){
        list b = (list)vect.elementAt(i);
        area.append(t = i + "记录" + b.pm + b.number + "斤,单价" + b.dj + "元" + "\n");}
    }
    else if (e.getSource() == btn7) {
        area.setText(" ");
    }
    else if (e.getSource() == btn8) {
        list v0 = (list)vect.elementAt(0);
        t0.setText(v0.pm); t1.setText(v0.number);
        t2.setText(v0.dj);t3.setText("0");
    }
    else if (e.getSource() == btn9) {
        list v2 = (list)vect.elementAt(vect.size() - 1);
        t0.setText(v2.pm);

        t1.setText(v2.number);
        t2.setText(v2.dj);
        t3.setText(String.valueOf(vect.size() - 1));    }
    }
    class list {    //创建内部类,接受输入内容
        String pm,number,dj;
        list(String pm, String number, String dj){
            this.number = number;
            this.pm = pm;
            this.dj = dj;
        }
        list(){
            this("","","");
        }
    }
}
```

（2）保存新创建的源程序为 Gw.java，编译源程序为 Gw.class。

（3）在 EditPlus 主窗口打开一个文件编辑区输入如下代码。

```
< html >
< applet code = Gw.class  width = 600  height = 300 >
</applet >
</html >
```

（4）保存为 Gw.html 文件。

（5）在浏览器中打开 Gw.html 文件，程序运行结果如图 6.15 所示。

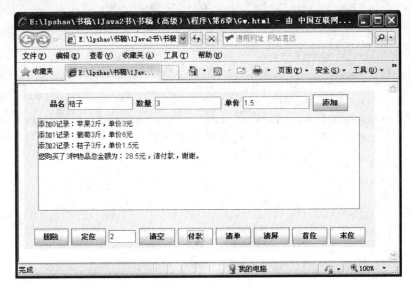

图 6.15　购物计算界面

6.15　交通信号灯的模糊控制

1. 问题的提出

在现实当中需要控制红灯（停）、黄灯（转换）、绿灯（行）的显示时间与顺序，进而控制行人、车辆的行走。那么用 Java 程序可以对交通信号灯进行控制吗？

2. 解题方案

利用多线程机制可以设计一个交通信号灯类，创建两个代表东西向与南北向的人与车可以同时运行的线程类，并创建交通路口信号灯界面，信号灯能够根据时间进行模糊控制，使东西向、南北向的人与车（线程）做到绿灯行、黄灯与红灯停。

实例 6.15　创建具有控制交通信号灯功能的程序。

解题步骤：

（1）在 EditPlus 主窗口文件编辑区输入如下代码。

```
//源程序: 信号灯控制.java
import java.awt.*;
import java.applet.Applet;
import java.awt.Color;

public class 信号灯控制 extends Applet {
    东西向 td;    南北向 td2;
    交通信号灯 a = new 交通信号灯(); String xhd = "东西灯";
    Graphics g;  int x1 = 0, y1 = 220;
    public void init(){setForeground(Color.blue);}
    public void start() {
        td = new 东西向();  td.start();
        td2 = new 南北向();   td2.start();
    }
    public void stop() {td = null; td2 = null;}
    public void update(Graphics g) {paint(g);}
    public void paint(Graphics g) {
        g.fillRect(0,100,350,100);                    //马路
        g.fillRect(100,0,100,350);
        g.setColor(Color.red);
        g.drawString("南北行",110,300 - y1);           //字符串代表行人与车
        g.drawString("南北行",160,y1);
        g.drawString("东西行",280 - x1,120);
        g.drawString("东西行",x1,180);
        if(xhd == "东西灯")   a.切换信号灯("红","绿",g);   //画东西灯
        if(xhd == "南北灯")   a.切换信号灯("绿","红",g);   //画南北灯
        if(xhd == "黄灯")     a.切换信号灯("黄","黄",g);   //画黄灯
    }
}

class 交通信号灯 {
  String 颜色1, 颜色2;
  public void 切换信号灯(String c1, String c2, Graphics g) {
      颜色1 = c1; 颜色2 = c2;
      for(int i = 0; i < 3; i++){
          if(颜色1 == "黄") g.setColor(Color.yellow);
          if(颜色1 == "红") g.setColor(Color.red);
          if(颜色1 == "绿") g.setColor(Color.green);
          g.fillOval(100 + i * 15,100, 15, 15);       //北灯
          g.fillOval(155 + i * 15,185, 15, 15);       //南灯
          if(颜色2 == "黄") g.setColor(Color.yellow);
          if(颜色2 == "红") g.setColor(Color.red);
          if(颜色2 == "绿") g.setColor(Color.green);
          g.fillOval(185,100 + i * 15, 15, 15);       //东灯
          g.fillOval(100,155 + i * 15, 15, 15);       //西灯
      }
    }
  }
}
```

```
    class 东西向 extends Thread {
        public void run() {
        while(true){
         // xhd = "东西灯";repaint(); x1 = 60;              //东西绿灯亮
              for(int i = 0;i < 100;i ++ ){                 //东西行
                  x1 + = 5;repaint(); if(x1 == 285) x1 = 0;
                  try {Thread.sleep(100);}catch (InterruptedException e) {}
                  }
              xhd = "黄灯";x1 = 60; repaint();               //黄灯亮
              try {Thread.sleep(400);}catch (InterruptedException e) {}
              xhd = "南北灯";repaint();                      //南北灯亮
            try {Thread.sleep(10000);}                       //东西线程停 10 秒
            catch (InterruptedException e) {}
            }
       }
    }

class 南北向 extends Thread {
    public void run() {
     try {Thread.sleep(10350);                              //南北先停 10.5 秒
     }catch (InterruptedException e) {}
     while(true){
             for(int i = 0;i < 100;i ++ ){                  //南北行
                 y1 - = 5;repaint(); if(y1 == 0) y1 = 285;
                 try {Thread.sleep(100);}
                 catch (InterruptedException e) {}
              }
         xhd = "黄灯";y1 = 220;repaint();                   //黄灯亮
         try {Thread.sleep(400);}catch (InterruptedException e) {}
         xhd = "东西灯"; repaint();                         //东西灯亮
         try {Thread.sleep(10350);}                         //南北线程停 10.5 秒
         catch (InterruptedException e) {}
        }
      }
    }
```

（2）保存新创建的源程序为"信号灯控制.java"，编译源程序为"信号灯控制.class"。

（3）在 EditPlus 主窗口打开一个文件编辑区输入如下代码。

```
< html >
< applet code = 信号灯控制.class   width = 600   height = 300 >
</applet >
</html >
```

（4）保存为"信号灯控制.html"文件。

（5）在浏览器中打开"信号灯控制.html"文件，程序运行结果如图 6.16 所示。

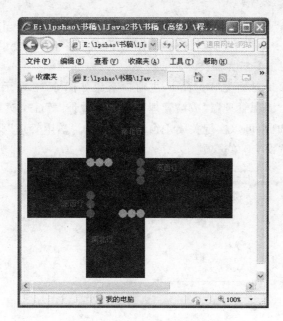

图 6.16　交通信号显示灯界面

6.16　简单学生信息管理系统

1. 问题的提出

能否在第 5 章的基础上通过窗口界面完成对数据库中数据的查询、添加、修改与删除等操作呢？

2. 解题方案

（1）首先在 access 中创建 stuDB. mdb 数据库，参见第 5 章内容。

（2）在 Windows 操作系统的"控制面板"中创建连接 stuDB. mdb 数据库的数据源"stuDB"。

（3）创建保存不同文件的文件夹。

因为一个系统涉及的类与对象比较多，需要使用子文件夹分别存放其程序文件。首先创建 SMisDemo 文件夹，其中包含存放数据库文件 stuDB. mdb 的 database 与存放 Java 程序的 src 两个子文件夹。在 src 中再创建 course、student、grade 与 connDB 四个子文件夹，用来存放有关课程、学生、分数、数据库连接与操作相关的 Java 程序。在资源管理器中可以看到创建的文件夹，如图 6.17 所示。

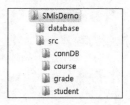

图 6.17　文件夹

（4）创建连接数据源 stuDB 的类。

在第 5 章已经创建了连接数据源 stuDB 的类 DatabaseConn。类中定义了连接数据源 stuDB 数据库对象 conn、查询对象 stmt 和操作对象 rs 与使用 sql 语句查询、更新数据库的方法，同时还有一个将字符串转换为简体汉字的方法和释放变量的方法。

（5）创建系统的主窗口界面类。

创建系统的主窗口界面类 StuMain，主窗口对象如图 6.18 所示。本系统包含"系统管理"、"学生管理"、"课程管理"、"成绩管理"和"信息查询"等 5 个菜单组。"系统管理"菜单只有"退出"菜单选项，可以实现关闭主窗口的功能。"学生管理"菜单具有"增加"、"修改"、"删除"、"学生选课"菜单选项。

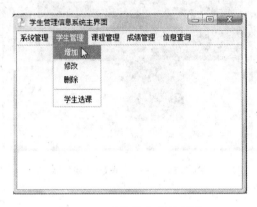

图 6.18　系统的主窗口界面

（6）创建完成系统不同功能的类。

完成本系统需要创建完成学生信息、课程信息、课程成绩信息的添加、修改、删除与查询等功能的类。由于代码过多，这里仅说明系统的框架。

第 7 章

Java 服务网页——JSP

JSP 是 Sun 公司推出的一种用于 Internet 的开发语言,其全称为 Java Server Pages,中文称为 Java 服务网页,是一种动态网页技术标准,属于 Java 体系中 J2EE 的范畴。JSP 的主要目的是基于 Web 应用开发程序,并使这些程序能够与各种 Web 服务器、浏览器和开发工具共同工作。

学习目标

通过本章的学习,能够掌握:

✓ 构建 JSP 运行环境的方法与步骤
✓ 使用 JSP 创建动态网页的方法
✓ JSP 的基本语法知识
✓ JSP 的常用内置对象
✓ JSP 的常用动作标记码
✓ JavaBean 的编写方式
✓ 在 JSP 文件中使用 JavaBean 的方法
✓ 通过虚拟目录运行 JSP 文件的方法

7.1   HTML 与 JSP

本节的任务是了解 JSP 的产生原因与特点。

7.1.1   HTML

HTML 语言是编写网页的最早的也是最简单通用的方式,使用它可以编写各种类型的漂亮网页。HTML 语言由描述性的标记符(称为标记码)构成。标记码是区分 HTML 文档各个组成部分的分界符,例如页面、标题、段落、正文主体、超链接、表格、图像、表单等,并向浏览器提供该文档的格式化信息,以显示文档的外观特征。通过 HTML 的标记码,可以设置文本文字的字体和颜色,插入各种图像和表格,还可以加入指向 Internet 上任意一个 Web 页的超链接。正是有了这些 HTML 标记码,Web 页才变得漂亮美观,多姿多彩,网络才从一个静态的文本世界变成了一个丰富多彩的多媒体世界。

随着 Web 应用的发展,HTML 语言的不足开始显现出来。主要表现如下:

(1) 静态性

由于 HTML 文档在浏览时不会因时因地而发生变化,也不允许在浏览器加载后更改页面内容,所以 HTML 文档为静态的、固定的,它限制了其更新的速度。如果要更新其内容,整个页面的内容就需要全部修改。

(2) 格式与布局的局限

在 HTML 文档中不能随意扩展文本格式,不能设计像报纸、杂志那样漂亮的布局。

(3) 没有计算功能

在 HTML 文档中不能实现高级程序设计语言的计算功能。

(4) 不具备动态性

使用 HTML 语言编写的网页不能产生动态变化。

通常所说的动态包括文字、图片的动态显示,例如动态 gif、Java Applets、Flash 动画等。本书所指的动态主要指页面中资料和数据的动态性,即网页根据用户与服务器之间数据的交互所产生的动态变化。例如,网站要根据用户的用户名、密码才允许用户登录到指定的页面,显示用户的姓名、有关文章等,主要包括如下几方面内容。

① 交互性

客户端的网页会根据用户的要求和选择而动态改变、产生相应数据。

② 自动更新

无须手动更新客户端的 HTML 文档,它能自动生成新的页面。

③ 因时因人而变

不同的时间、不同的人访问同一网址时会产生不同的页面。

7.1.2　JSP

JSP 就是针对 HTML 语言的不足，而创建出来的动态网页技术。JSP 是 1998 年由 Sun Microsystems 公司倡导、众多公司参与而共同建立的一种动态网页技术标准，其在动态网页的建设中有着强大而特殊的功能。在 Sun 正式发布 JSP 之后，这种新的 Web 应用开发技术很快引起了人们的关注。JSP 为创建高度动态的 Web 应用提供了一个独特的开发环境。

所谓的 JSP 网页（扩展名为 .jsp），实际上就是在传统的 HTML 网页中，加入了 Java 程序片段和 JSP 标记。因此，JSP 有如下特点。

（1）分离了内容的生成和显示

JSP 页面通常使用 HTML 语言布局和美化页面，而页面上的动态内容使用 Java 程序片段和 JSP 标记进行设计。

（2）生成可重用的组件

绝大多数 JSP 页面依赖于可重用的、跨平台的组件，例如可用 JavaBeans 来执行应用程序所要求的更为复杂的处理。

（3）可扩展性

通过开发定制化标识库，JSP 技术具有了良好的可扩展性。第三方开发人员和其他人员可以为常用功能创建自己的标识库，这使得 Web 页面开发人员能够使用熟悉的工具如同使用标识一样执行特定功能的构件来工作。

（4）具有 Java 技术的所有优势

由于 JSP 内置的脚本语言是 Java 编程语言，而且所有的 JSP 页面都被编译成为 Java 字节代码，JSP 集合了 Java 技术的所有优势，包括健壮性和安全性。所以，大型商业网站通常都使用 JSP 进行开发。

（5）一次编写，各处运行

作为 Java 平台的一部分，JSP 拥有 Java 编程语言一次编写，各处运行的特点。随着越来越多的供应商将 JSP 支持添加到他们的产品中，用户可以任意选择服务器和工具，并且更改工具或服务器并不影响当前的 JSP 应用程序。

7.2　构建 JSP 的运行环境

本节的任务是学习构建 JSP 运行环境的方法与步骤。

7.2.1　下载与安装 SDK

1. 问题的提出

JSP 页面文件是否可以像 HTML 页面文件一样在浏览器中直接运行呢？

2. 解题方案

为了建立 JSP 的运行环境,需要先下载 Sun 公司免费的、最新的 Java EE SDK 或 JDK。Java EE SDK 是集成的开发环境,下载其同时可下载捆绑的 JDK。JDK 软件包中包含对编程最有用的是 Java 编译器、Applet 查看器和 Java 解释器。

下载软件 Java EE SDK 可参考以下步骤。

(1) 在浏览器中输入 http://java. sun. com/javase/downloads/index. jsp,可看到如图 7.1 所示的 Sun 公司网站的下载页面。

图 7.1 下载 Java EE 5 SDK

(2) 在页面 Downloads 标记下可看到免费下载的软件名称和简单介绍,在"JDK 6 Update 14 with Java EE"栏单击 Download 按钮,可打开如图 7.2 所示的窗口界面。

(3) 在图 7.2 所示页面中,可以输入用户信息,或直接单击 Continue to Download 按钮,进入如图 7.3 所示页面。

(4) 在图 7.3 所示页面中,选择使用的操作系统和语言,然后单击 Continue » 按钮,进入如图 7.4 所示页面。

(5) 在图 7.4 所示页面中,选择"java_ee_sdk-5_07-windows. exe"超链接可以直接用其他下载工具下载文件。或单击 Download Selected with Sun Download Manager » 按钮,可以下载一个 Sun 提供的下载管理器进行下载,下载管理器工作界面如图 7.5 所示。

(6) 安装 SDK。运行下载的"java_ee_sdk-5_07-windows. exe"软件包,可安装 SDK。

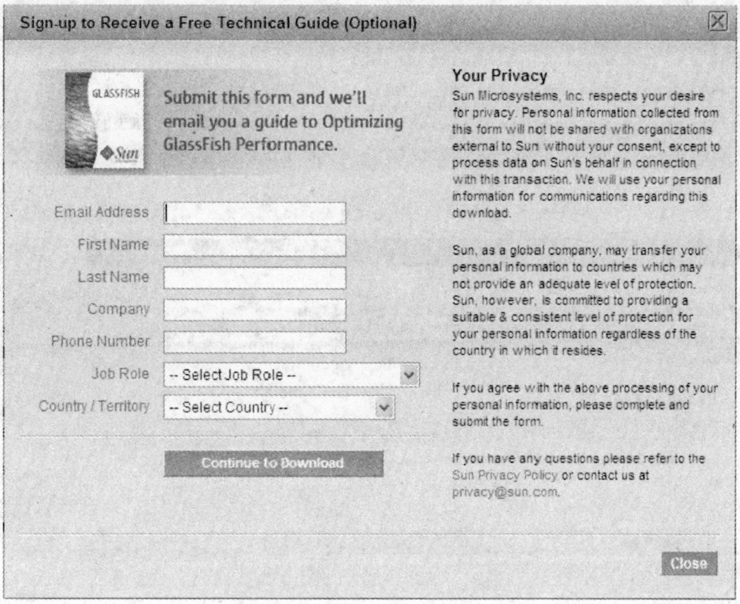

图 7.2　输入用户信息页面

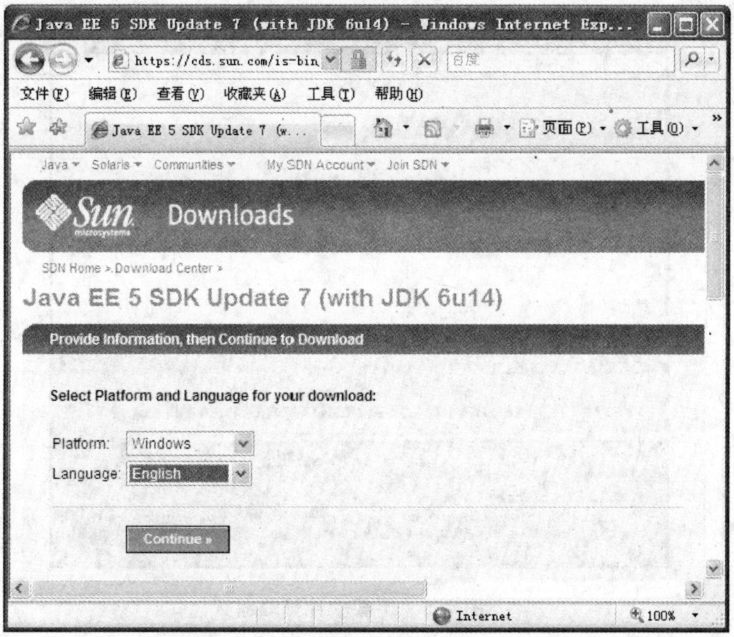

图 7.3　选择操作系统和使用语言

在安装过程中可以设置安装路径及选择组件,系统默认的安装路径为 C:\sun\sdk(本书选择的安装路径为 C:\sdk)。

安装过程与其他软件基本相同,选择接受协议,单击"Next"按钮即可。在确定安装路径页面中,注意修改安装路径,例如,C:\sdk。

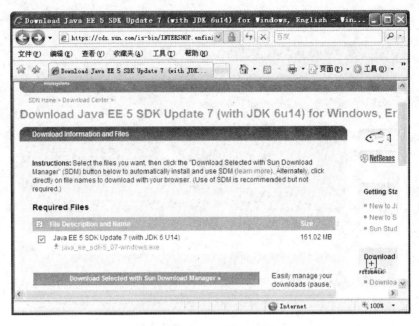

图 7.4　下载软件页面

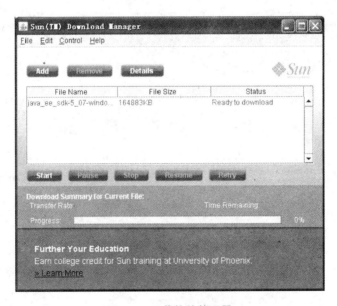

图 7.5　下载软件管理器

在确定用户名和口令的安装页面中,可选择任意的用户名,如 lpshao;口令为 8 位,如 12345678。

3. 归纳分析

（1）安装 SDK 一定要选择包含 JDK 的软件包,也可以只是安装 JDK,一般要 JDK 5.0 版本以上。

（2）http://java.sun.com/javase/downloads/index.jsp 这个下载软件页面会随时更新，因此，当用户下载时可能看到的界面可能与书中显示不同。我们的目的是下载 JDK 或 SDK，可以使用不同的方式得到这些软件。

7.2.2　下载与安装 Tomcat

1. 问题的提出

JDK 或 SDK 提供的是 Java 语言的环境支持，那么在 Web 服务器中谁来管理与运行 JSP 文件呢？

2. 解题方案

为了在 Web 服务器中管理和运行 JSP 文件，需要下载并安装 Tomcat 软件。Tomcat 是 Apache 组织的产品，其源代码完全开放。它完全免费，文档齐全，配置容易。它是专门运行 servlet 和 JSP 的服务器管理软件，负责处理浏览器用户发送的请求，并把该请求送到指定的 servlet 中，处理完之后再将结果反馈给浏览器用户。

下载并安装 Tomcat 软件步骤如下：

（1）下载 Tomcat

下载 Tomcat 软件可到 Apache 公司官方网站：http://tomcat.apache.org/，下载页面如图 7.6 所示。在页面左边单击 Tomcat 6.x 超链接，打开下载 6.x 版本及更新版本页面，如图 7.7 所示。（建议下载 Tomcat 6.x 版本，本书以 6.0.14 版本为例介绍，下载时注意要选择支持 Windows 系统的版本。）

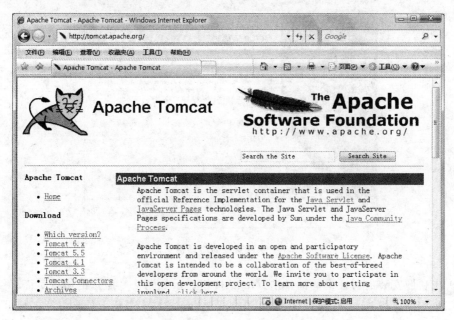

图 7.6　Apache 网站主页

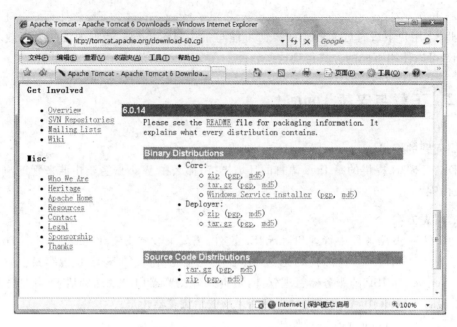

图 7.7　Tomcat 6.x 下载路径

（2）安装 Tomcat

① Tomcat 下载完成后，在其存放目录双击 jakarta-tomcat-6.0.14.exe，可开始安装。安装界面如图 7.8 所示。

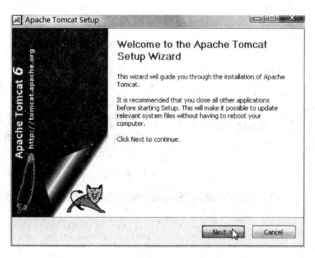

图 7.8　欢迎安装的对话框页面

② 在欢迎安装的对话框界面单击"Next"按钮显示如图 7.9 所示的协议页面。

③ 在如图 7.9 所示协议对话框中，单击"I Agree"按钮，显示如图 7.10 所示的页面，选择"full"完全安装方式，选定 Examples 选项，单击"Next"按钮显示如图 7.11 所示的页面。

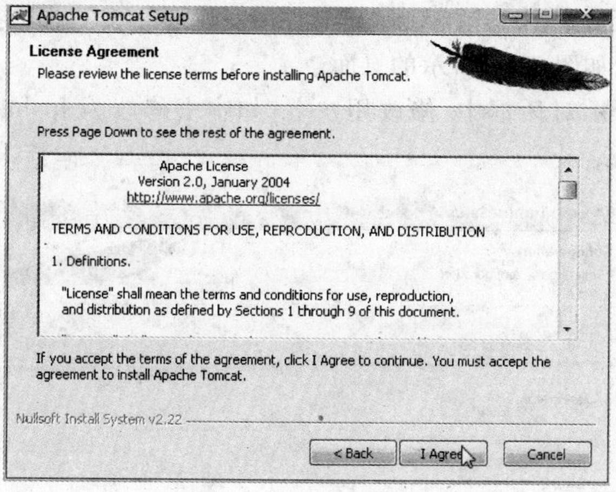

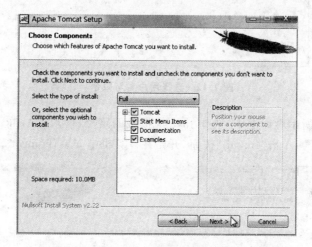

图 7.9　协议对话框页面

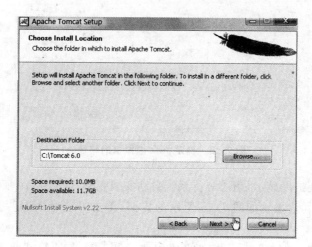

图 7.10　选择安装方式

图 7.11　选择安装路径

④ 在图 7.11 所示页面中，选择 Tomcat 软件的安装路径（如本书选择 C:\Tomcat 6.0），单击"Next"按钮显示如图 7.12 所示的页面。

⑤ 在图 7.12 所示对话框中，修改用户名，如本书修改为 lpshao；口令为空，单击"Next"按钮。

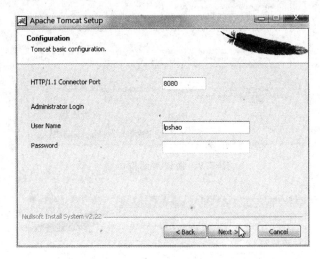

图 7.12　选择用户名与口令

⑥ 在图 7.13 所示对话框中，选择 Java 虚拟机的路径，输入 c:\sdk\jdk（或系统默认的 Java 虚拟机路径），单击"Install"按钮，开始在计算机中安装 Tomcat 软件。

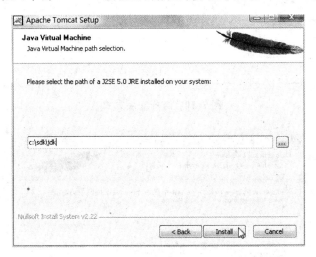

图 7.13　确定 Java 虚拟机的路径

⑦ 会出现安装进度显示，耐心等待系统自动安装完毕，如图 7.14 所示。

⑧ 安装完毕后，会显示如图 7.15 所示的界面，单击"Finish"按钮可结束 Tomcat 软件安装工作。

⑨ 接着会在"记事本"打开英文的使用注意事项。在计算机屏幕右下角会看到

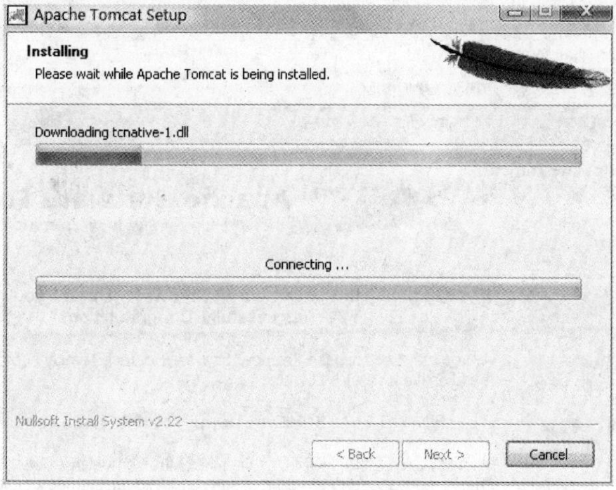

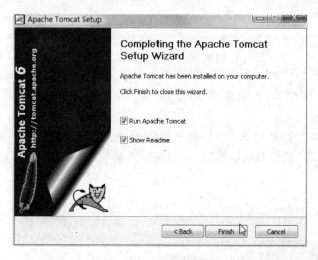

图 7.14　安装状态

图 7.15　安装结束页面

Tomcat 服务器图标 。在浏览器中输入 http://localhost：8080，如果看到如图 7.16 所示的 Tomcat 欢迎页面，说明 Tomcat 安装成功了。

⑩ 启动与关闭 Tomcat 服务器。在 Windows 界面上依次单击"开始"|"所有程序"|"Apache Tomcat 6.0"|"Monitor Tomcat"或"Start Tomcat"菜单，在计算机屏幕下方会看到 Tomcat 开始运行的图标 。如果图标为 ，可右击图标在快捷菜单中选择"Start Service"命令。服务器启动后右击图标在快捷菜单中选择"Stop Service"命令将停止 Tomcat 服务，选择"Exit"按钮可关闭 Tomcat 服务器。

（3）设置 Windows 的环境变量

使用版本高的 Tomcat(6.0. x 以上)中可以不设置环境变量，即可在打开 Tomcat 服务器时正常运行 JSP 文件。

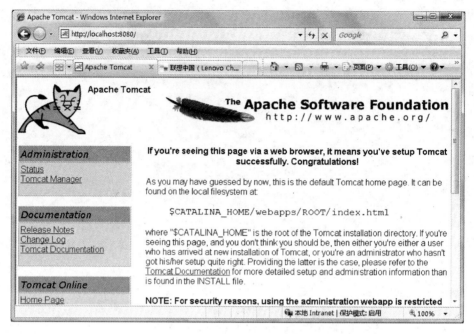

图 7.16　Tomcat 欢迎页面

如果 Tomcat 版本低，不能正常运行 JSP 文件，可参照下面的步骤去设置 Windows 系统的环境变量。

① 在 Windows 桌面上右击"计算机"（我的电脑）|"属性"，打开"系统"页面如图 7.17 所示。单击"高级系统设置"选项，打开"系统属性"对话框，从中选择"高级"标记，如图 7.18 所示。

图 7.17　"系统"页面

② 在图 7.18 中单击"环境变量"按钮,打开"环境变量"对话框,如图 7.19 所示。

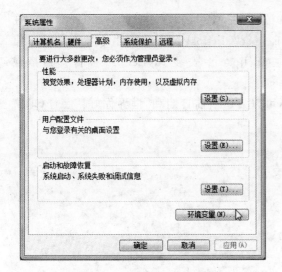

图 7.18　"系统属性"对话框

图 7.19　"环境变量"对话框

③ 在"用户变量"框中单击"新建"按钮,分别创建环境变量:JAVA_HOME、TOMCAT_HOME、PATH、CLASSPATH。SDK 的安装目录在 JAVA_HOME 变量之中,Tomcat 的安装目录在 TOMCAT_HOME 变量之中。

JAVA_HOME 变量值:"C:\sdk\jdk"(要看自己 sdk 的安装路径)

TOMCAT_HOME 变量值:"C:\Tomcat 6.0"(要看自己 Tomcat 的安装路径)

CLASSPATH 变量值:". ;%JAVA_HOME%\bin;%TOMCAT_HOME%\lib;"或". ;%JAVA_HOME%\bin;%TOMCAT_HOME%\lib;%TOMCAT_HOME%\lib\jsp-api.jar;%TOMCAT_HOME%\lib\servlet-api.jar;C:\sdk\jdk\lib\tools.jar"

PATH 变量值:"C:\sdk\jdk\bin"(要看自己 sdk 的安装路径)

④ 单击"确定"按钮,可结束环境变量的设置。

3. 归纳分析

安装 Tomcat 后要注意与 JDK 的链接,否则不能正常运行 JSP 文件。

7.2.3　创建 JSP 用户目录

在 C:\Tomcat 6.0\webapps\ROOT 根文件夹下,创建一个用户使用的文件夹"jsp7",以后编写的 JSP 程序将放在"C:\Tomcat 6.0\webapps\ROOT\jsp7"文件夹中。

7.2.4　编写与运行 JSP 程序

1. 问题的提出

怎样编写一个 JSP 文件? 如何运行一个 JSP 文件呢?

2. 解题方案

在编写 JSP 网页文件时,先要选择一个编辑 JSP 文件的软件工具,例如 EditPlus。在开发大型 JSP 项目时,可使用开发平台 MyEclipse。Eclipse 的安装软件可以到 Eclipse 官方网站 http://www.eclipse.org/下载。在 Eclipse 中安装 MyEclipse 插件即可搭建 MyEclipse 开发平台。

实例 7.1　编写第一个 JSP 网页文件,可以显示当前日期和"世界你好!"字样(取文件名为 7-1.jsp)。

解题步骤:

(1) 在 EditPlus 主窗口文件编辑区输入如下代码。

```
<html>
<body>
<font color = "blue">现在时间是
<% = (new java.util.Date()).toString() %>
<p>世界你好!
</font>
</body>
</html>
```

(2) 保存新创建的程序文件为 7-1.jsp。

(3) 打开 Tomcat,在浏览器中输入 http://localhost:8080/jsp7/7-1.jsp,运行结果如图 7.20 所示。

图 7.20　7-1.jsp 文件的运行结果

3. 归纳分析

(1) JSP 网页文档的代码特点

从实例 7.1 可以看出,JSP 网页文档中使用的代码与 HTML 文档中的标记码几乎完全一样,只有"<%＝(new java.util.Date()).toString()%>"这一行没见过。不过可以很容易猜出它的意思,无非是将当前日期显示出来。

(2) JSP 的定界符

同 HTML 文件比较,JSP 文件中多了两个符号<% 和 %>。这是 JSP 的定界符,它用来分隔 HTML 标记码与 JSP 代码,<% 和 %>中间的内容是 JSP 代码。

通过实例 7.1 可知,JSP 文档主要包括 HTML 的标记码和 JSP 代码。HTML 标记码用一对尖括号<>括起来。JSP 的代码使用一对尖括号和百分号<％％>括起来。

（3）JSP 文件的后缀名

JSP 文件的后缀名为.JSP,文件通常存放在服务器下的\Tomcat 6.0\webapps\ROOT 目录下,本书程序存放在\Tomcat 6.0\webapps\ROOT\jsp7 文件夹下。

（4）JSP 的运行流程

JSP 具有一次编译、多次多处执行、代码执行效率高等特点。当 Web 服务器第一次接收到用户的 JSP 页面请求时,JSP 容器(Tomcat)先将 JSP 页面编译为 Servlet 类文件(.class),接着运行 Servlet 类文件对客户端的请求进行处理,执行其中的 Java 程序片段,然后将执行结果返回给 JSP 容器,最后以 HTML 格式传回给用户。运行流程如图 7.21 所示。

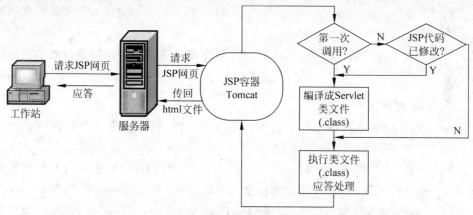

图 7.21　JSP 网页运行流程

下次再有同样的 JSP 请求时,无须重新编译,直接执行已编译好的.class 文件即可。因此,执行效率特别高。如果 JSP 网页代码发生了改变,则需要重新编译。

7.3　JSP 的基本语句

JSP 网页文件包含 HTML 标记代码和 JSP 标记代码。

JSP 标记代码可以分为基本语句、内置对象和动作标记。

本节的任务是学习 JSP 基本语句的使用方法。JSP 基本语句主要包含 JSP 指令语句、JSP 注释语句、JSP 声明语句、JSP 表达式语句和 Java 程序片段。

7.3.1　JSP 指令语句

位于<％@　％>标记中的代码,称为 JSP 编译器指示指令,简称为指令。

JSP 指令用来设置整个 JSP 页面的相关属性,包括网页的编码方式、语言等。

JSP 指令语句的语法格式为：

```
<%@ 指令名 属性＝"属性值"%>
```

常用的 JSP 指令有 page、include 和 taglib。

1. page 指令

page 指令用来定义 JSP 文件的全局属性，作用于整个 JSP 页面，如使用的语言、是否维持会话状态、是否使用缓冲区等。例如：

语句＜%@ page language＝"java" %＞定义了当前 JSP 文件使用的是 Java 语言。

语句＜%@ page import＝"java. util. Date" %＞用来导入支持的 Java 类。

语句＜%@ page errorPage＝"errorPage. jsp" %＞用来指定此 JSP 文件出现问题时显示的出错页面。

语句＜%@ page session＝"true" %＞用来定义是否需要为用户管理通话期的信息 session。

2. include 指令

include 指令用来在 JSP 文件中包含一个静态文件，同时解析这个文件中的 JSP 语句。例如：

语句＜%@ include file＝"filename. jsp" %＞中使用 include 指令向 JSP 容器发送一条消息：将文件 filename. jsp 中找到的文本转换后插入到当前的 JSP 网页中。

使用 include 指令可在当前文件中插入一个包含文件 filename. jsp，该文件可以是固定格式的 HTML 或是 JSP 等。

include 指令的优点是代码重用。

3. taglib 指令

taglib 是与标记相关的指令，用来定义一个标记库及其自定义标记的前缀，声明此 JSP 文件使用的自定义标记。例如，通过下面的语句定义了自定义标记 loop。public 为自定义标记的前缀，uri 声明了标记库（命名空间）。

```
<%@ taglib uri＝"http://www.jspcentral.com/tags" prefix＝"public" %>
  <public:loop>
   …
  </public:loop>
```

7.3.2　JSP 注释语句

JSP 注释语句是为了增加程序的可读性而编写的语句，对程序的运行结果没有影响。

JSP 注释语句格式为：

```
<%-- 注释内容 --%>
```

例如，下面的语句就是一个注释语句。

```
<% -- 这是 JSP 的注释语句 -- %>
```

注意　HTML 语言使用的注释标记为<！－－这里是注解－－！＞。

7.3.3　JSP 声明语句

JSP 声明语句用来在 JSP 文件中定义页面级变量或方法，目的是让编译器知道哪些变量和方法是合法的。通过 JSP 声明语句可以声明一个或多个变量和方法，在声明语句中声明的变量和方法将在 JSP 页面初始化时被初始化。

JSP 声明语句的语法格式为：

```
<%! 类型 变量或方法名; %>
```

例如，下面的声明语句声明了整型变量 i，字符串型变量 s。

```
<%! int i = 0; %>
<%! String s = "你好!"; %>
```

注意　％和！之间不能有空格，而且一条声明语句不能分在两行写，一定要以分号（；）结束声明语句，就像在普通 Java 中声明成员变量一样。因为 JSP 中的任何内容都必须是有效的 Java 语句。

在 JSP 中除了可以声明在 JavaScript 中使用的 6 种数据类型变量外，可以声明 Java 语言中支持的所有数据类型变量。

7.3.4　JSP 表达式语句

JSP 表达式语句提供了一种简单的输出形式，在运行后会将 JSP 生成的数值、转化的字符串嵌入到 HTML 页面的相应位置显示。

JSP 表达式语句的语法格式为：

```
<% = 表达式 %>
```

例如在实例 7.1 中，使用表达式输出了当前日期的值。

```
<% = (new java.util.Date()).toString() %>
```

还可以使用下面的语句输出已声明的整型数据 i 和字符串 s 的值。

```
<% = i %>
<% = s %>
```

7.3.5 Java 代码片段

1. 问题的提出

在 JSP 文档中如何使用 Java 语言来执行动态功能呢?

2. 解题方案

Java 语言通过 Java 程序代码嵌入到 JSP 文档的<％ ％>标记中来完成动态处理功能,嵌入到 JSP 页面<％ ％>标记中的 Java 语言代码称为 Java 代码片段或脚本片段(Scriptlets)。

Java 代码片段在 Web 服务器响应请求时会被服务器运行处理,完成动态处理功能。

实例 7.2 一个带有 Java 代码片段的 JSP 文件(7-2.jsp)。其中包含 Java 的 for 循环语句片段和 JSP 表达式,运行 JSP 文件可分别以不同的字体标记显示"你好!"。

解题步骤:

(1) 在 EditPlus 主窗口文件编辑区输入如下代码。

```
<％ -- JSP 基本语法练习 -- ％>
<％ for (int i=1; i<=4; i++){ ％>
<H<％ =i％>>你好!</H<％ =i％>>
<％ } ％>
```

(2) 保存新创建的程序文件为 7-2.jsp。

(3) 在浏览器中输入 http://localhost:8080/jsp7/7-2.jsp,运行结果如图 7.22 所示。

图 7.22 7-2.jsp 文件运行的结果

3. 归纳分析

(1) 通过<％ ％>标记嵌入 Java 代码

在 JSP 文件中可以通过<％ ％>标记嵌入 Java 代码,实例 7.2 中嵌入了 Java 的 for 循环语句。

（2）在 JSP 文件中声明变量类型与变量名的方式

在 JSP 文件中使用变量时需要先声明变量类型与变量名，例如，int i＝1。

（3）JSP 代码与 HTML 标记的嵌套使用

JSP 代码与 HTML 标记可以混合使用，在 HTML 标记中可以嵌入 JSP 代码。例如：

```
< H < % = i % >>你好</ H < % = i % >>
```

7.4　JSP 常用的内置对象

为了简化 JSP 语言，JSP 定义了一组可以直接使用的内置对象。这些对象可以在 JSP 文档中直接使用，浏览器在编译 JSP 页面时会自动识别所包含的内置对象。内置的意思是这些对象可以直接引用，不需要明显地声明，也不需要专门的代码创建实例对象。

本节的任务是学习几个常用 JSP 内置对象的使用方法。

7.4.1　获取输入信息的 request 对象

1. 问题的提出

JSP 如何将浏览器用户在页面上输入的信息，传递给服务器进行处理和使用呢？

2. 解题方案

JSP 提供了内置对象 request 来取得用户在浏览器页面上输入的信息。

下面通过一个 HTML 文件与一个 JSP 文件介绍如何使用内置对象 request 获得用户在页面上输入的信息并将信息在另一页面上显示。

实例 7.3　编写一个用来输入用户信息的静态页面文件（7-3. html 文件）和一个使用内置对象 request 的 JSP 文件（7-3. jsp），后者的功能是用来获取并输出用户所输入的信息。

解题步骤：

（1）在 EditPlus 主窗口文件编辑区输入如下代码。

```
< html >
< head >
< title >输入信息页面</title >
</head >
< body >
< form method = post action = "7 - 3. jsp">
输入姓名< input type = "text" name = "yhm">
< input type = "submit" value = "提交" >
</form >
</body >
</html >
```

（2）保存以上代码为 7-3. html 文件。

（3）在 EditPlus 主窗口文件编辑区输入如下代码。

```
< font color = "blue">欢迎你到这里来,
<% String yhm1 = request.getParameter("yhm"); %>
<% = yhm1 %>
<p>这里是学习 JSP 动态网页编程的地方.
</font>
```

（4）保存以上代码为 7-3. jsp。

（5）在浏览器中输入 http://localhost:8080/jsp7/7-3. html,运行结果如图 7.23 所示。

图 7.23　用户输入信息的页面

（6）单击“提交”按钮后,会出现如图 7.24 所示的页面,它是 7-3. jsp 文件运行的结果。

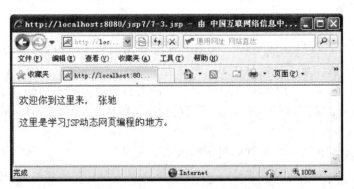

图 7.24　7-3. jsp 文件运行的结果

3. 归纳分析

（1）HTML 文档基本框架

➤ 7-3. html 文件是一个标准的 HTML 文档,因为它包含文档开始与结束标记 <html></html>。一般情况下,HTML 的标记都是成对出现的,一个为开始标记,一个为结束标记。包含在标记中的文本内容会按照标记定义的方式在浏览器中显示。

➢ ＜head＞＜/head＞为头部标记,经常用来包含一些不在文档中显示的内容,例如一些函数的定义,标题标记等。

➢ ＜title＞ ＜/title＞标题标记也不在文档中出现,其中包含的文字会作为本文件的名字出现在浏览器的标题栏上。

➢ ＜body＞＜/body＞为 HTML 文档主体内容开始与结束的标记。HTML 文档要显示的文本、表单组件对象、图像、表格一般都要放在＜body＞标记中。

➢ ＜form＞＜/form＞为表单标记,用来创建文本框、下拉菜单框、命令按钮等对象。例如:

```
< form method = post action = "7 - 3.jsp">
</form >
```

为一对表单标记。如实例 7.3 中,表单标记包含了两个组件对象,一个是文本框,一个是命令按钮。

＜input type＝"text" name＝"yhm"＞,用来创建一个输入数据的文本框。

＜input type＝"submit" value＝"提交"＞,用来创建一个"提交"命令按钮。

如果＜form＞标记定义了 method 数据提交方式的属性,例如 method＝post,即表单数据的提交方式为隐式,数据会提交给 action 属性指定的文件来处理,例如 action＝"7-3.jsp"。

更多的 HTML 标记的含义参见附录 A。

（2）request 对象

7-3.jsp 中所使用的 JSP 的内置对象 request,是 javax. servlet. ServletRequest 类的子类对象。在传输协议 HTTP 下的 Web 应用中,request 对象作为 HttpServletRequest 类的一个对象,其作用是在 C/S 模式下,在客户端或服务器程序中获取发送的各类信息和 Web 服务器的参数。

可以说,request 对象为 JSP 程序提供了数据处理的"原材料"。如果没有 request 对象,JSP 程序就失去了与客户端联系的交互能力。所以,可把 request 对象看做 JSP 的眼睛和耳朵。

（3）request 对象的生命期

request 对象只是在本次请求中有效。当信息发送到后,request 对象也将消失。

（4）request 对象的常用方法

String getParameter(String name)：得到客户端提交的指定属性 name 的值。

String[] getParameterNames ()：以 Enumeration 的形式返回客户端向服务器端提交的所有参数的名字。

String getServletPath ()：得到 Web 服务器中的路径。

String getServletName ()：得到 Web 服务器名称。

Int getServletPart ()：得到 Web 服务器端口号。

String getQureyStringPart ()：得到 get 方法提交的数据。

String setAttribute (String name,Object o)：设置属性 name 的值。

String getAttribute (String name)：得到属性 name 的值，如果属性值不存在，返回 null。

String[] getAttributeNames ()：以一个字符串数组形式返回 request 对象所有属性的名字。

Cookie[] getCookies()：以 Cookie 数组形式返回客户端的 Cookie 对象。

String getMethod()：返回客户端向服务器提交数据的方法名。

String getRemoteHost()：返回客户端的机器名。

String getRemoteAddr()：返回客户端的 IP 地址。

HttpSession getSession()：返回当前请求的 Session。如果不存在，新创建一个。

（5）使用 form 表单传递数据到 JSP 文件的方式

通过使用 request 对象，不仅可以获取从 HTML 文件中用 post 方法或 get 方法提交的数据，还可以访问任何用 HTTP 请求传递的信息。post 方法提交的数据是隐式的，常用来提交信息量较大、安全性高的信息，例如用户的基本信息。get 方法传递的数据是显式的，在地址栏中可以看到，一般用来提交信息量较少、安全性不高的信息，例如查询字符串。

使用 form 表单传递信息一般有 3 种方式。

① 由 HTML 网页内的 form 传递信息给其他 JSP 文件。

② 由其他 JSP 文件内的 form 传递信息给另外一个 JSP 文件。

③ 由 JSP 文件内的 form 传递信息给自身（默认设置）。例如，可在 test.jsp 中由 form 传递数据给 test.jsp 文件自身使用，可使用下面的语句。

```
< form method = "post" action = "test.jsp">
```

（6）form 表单标记及其属性

form 是 HTML 语言的表单标记，但在 JSP 文件中经常使用。它包含许多属性，如下所示。

```
< form method = get/post action = 被调用程序的url网址 enctype = 数据传送的mime类型 name = form 表单名称 onrest = 按下 rest 键所调用的程序 onsubmit = 按下 sumit 键所调用的程序 target = 输出信息的窗口或网页的名称></form>
```

7.4.2 发送响应信息的 response 对象

1. 问题的提出

服务器不能响应请求时，如何向客户端发送出错信息呢？JSP 如何将服务器的响应信息传递到浏览器的用户页面上呢？

2. 解题方案

JSP 提供了内置对象 response 将服务器的响应信息发送到客户端的用户页面上。

实例 7.4 编写一个使用内置对象 response 令 JSP 页面每隔 2 秒自动刷新的 JSP 文件（7-4.jsp）。

解题步骤：

（1）在 EditPlus 主窗口文件编辑区输入如下代码。

```
<% response.setHeader("refresh","2"); %>
<font color = "blue">当前时间为
<% = (new java.util.Date()).toString() %>
</font>
```

（2）保存以上代码为 7-4.jsp。

（3）在浏览器中输入 http://localhost:8080/jsp7/7-4.jsp，运行结果如图 7.25 所示，页面每隔 2 秒会自动刷新。

图 7.25　7-4.jsp 文件运行的结果

3. 归纳分析

（1）response 对象的作用

response 对象与 request 对象类似，它是 java.servlet.ServletResponse 类的子类对象。在传输协议 HTTP 下的 JSP/Servle 应用中，response 对象作为 HttpServletResponse 类的一个对象，其作用是在 C/S 模式下，发送各种响应信息。

（2）response 对象的常用方法

① void sendError(int code，String errorMessage)：服务器不能响应请求时，向客户端发送出错信息。

例如，下面的语句可以用于 Web 服务器不能响应用户请求时，使用状态代码向客户端返回发现错误代码及出错信息。

```
<% response.sendError (403,"非法登录用户"); %>
```

② void sendHeader(String name,String　value)：设置 HTTP 协议文件头信息。
例如，下面的语句使 JSP 页面每隔 2 秒自动刷新，常用于制作聊天室。

```
<% response.setHeader("refresh","2"); %>
```

③ void addHeader(String name,String　value)：添加 HTTP 协议文件头信息，返回给客户端。

④ void addCookie(Cookie name)：添加 Cookie 对象,保存客户端的用户信息。

⑤ void sendRedirect(String location)：重新定向 URL。

7.4.3 输出结果信息的 out 对象

1. 问题的提出

JSP 如何将服务器处理的结果传递到浏览器的用户页面上呢?

2. 解题方案

JSP 提供了内置对象 out,用来将服务器的处理结果信息发送到客户端的用户页面上。

下面的例子可由用户输入一个整数,该页面程序会将这个数的 0~10 次幂计算并显示到页面上。

例 7.5 一个计算用户输入整数次幂的 JSP 文件(7-5.jsp)。

解题步骤:

(1) 在 EditPlus 主窗口文件编辑区输入如下代码。

```
<% -- 客户端 html 界面 -- %>
< center >
< form name = form1 method = get action = "7-5.jsp">
显示< input type = text name = n1 >的幂值
< input type = submit value = "确定">< br >
</form>
<% -- 提交参数 n1 -- %>
<% String n1 = request.getParameter("n1"); %>
<% -- 服务器端 JSP 获取信息并显示处理结果 -- %>
<%! int n = 2,s = 1; %>
<% if (n1! = null)
  { n = Integer.parseInt(n1);
    s = 1;
  } %>
< font color = "red"><% = n %>的幂值</font >
< table border = 2 >
<% -- 绘制表格 -- %>
  < tr >< td > 幂次 </td><% -- 表格标题 -- %>< td >< % = n %>的幂值 </td></tr>
    <% for (int i = 0;i <= 10;i++) { %>
      < tr >    <% -- 表格一行 -- %>
      <% -- 第 1 列幂值数 -- %>< td ><% = i %></td>
      <% -- 第 2 列计算结果 -- %>< td ><% out.print(s); s = s * n; %></td>
      </tr>
    <% } %>
</table>
</center >
```

（2）保存以上代码为 7-5.jsp。

（3）在浏览器中输入 http://localhost:8080/jsp7/7-5.jsp，在文本框输入 8，单击"确定"按钮，可看到运行结果如图 7.26 所示。

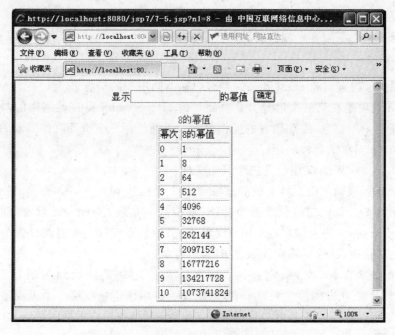

图 7.26　7-5.jsp 文件运行的结果

3. 归纳分析

（1）out 对象的作用

out 对象主要用于向客户端输出数据。out 对象是 java.servlet.JspWriter 类的子类对象，在 java 代码片段中，它通过 JSP 容器自动转换为 java.io.PrintWriter 对象，将 JSP 文档的输出信息发送到客户端的浏览器上。

（2）out 对象常用方法

void print(String s)：输出字符串信息的方法。

void printIn(String s)：换行输出字符串信息的方法。

使用 JSP 表达式可以直接输出表达式的值，但应用 out 对象输出 java 代码片段运行的结果，比较灵活。

（3）数据类型的转换

将字符型数据转换为整数型数据可使用 Integer.parseInt(String s)方法。

（4）使用表格输出动态信息

从实例 7.5 可以看出，通过在 HTML 表格标记中包含 JSP 代码达到了静态与动态分离的效果，即使用 HTML 代码设计表格显示方式，使用 JSP 代码计算数据与输出结果。

7.4.4 保存用户信息的 session 对象

1. 问题的提出

JSP 能否保存不同客户端页面的用户信息呢?

2. 解题方案

JSP 提供了内置对象 session 来保存客户端不同用户的信息。

session 对象是在第一次运行 JSP 页面时由 HttpSession 类自动创建的,可用来保存当前浏览器用户的信息,跟踪用户的操作状态。下面使用三个页面文件组成的 Web 应用来说明 session 对象的具体应用。

实例 7.6 本 Web 应用包含三个页面文件。

第 1 个是用来输入用户姓名的静态页面文件(7-6. html)。

第 2 个是 7-6. jsp 文件,包含两个功能,功能之一是通过 request 对象提取 7-6. html 表单中的 yhm 信息,将它保存在 name 变量中,然后将这个 name 值保存到 session 对象中;功能之二是输入"你喜欢吃什么 ?"问题的答案。

第 3 个是 7-7. jsp 文件,它有两个任务。任务之一是显示问题的答案。先通过 session 对象提取 yhm 的信息并显示它,以此说明虽然该信息在第 1 个页面输入,但通过 session 对象得以保留。任务之二是提取在 7-6. jsp 页面中用户根据问题输入的答案。

解题步骤:

(1) 在 EditPlus 主窗口文件编辑区输入如下代码。

```
<html>
<head>
<title>输入信息页面</title>
</head>
<form method = post action = "7 - 6. jsp">
输入姓名< input type = "text" name = "yhm">
< input type = "submit" value = "提交" >
</form>
</html>
```

(2) 保存以上代码为 7-6. html。

(3) 在 EditPlus 主窗口文件编辑区输入如下代码。

```
<% @ page language = "java" %>
<%! String name = ""; %>
<%
name = request. getParameter("yhm");
session. setAttribute("yhm", name);
%>
你的姓名是: <% = name %> <p>
< form method = post action = "7 - 7. jsp">
    你喜欢吃什么?
```

```
< input type = "text" name = "food"> < P >
< input type = "submit" value = "提交">
 </form>
```

（4）保存以上代码为 7-6.jsp。

（5）在 EditPlus 主窗口文件编辑区输入如下代码。

```
<% @ page language = "java" %>
<%! String name = ""; %>
<% @ page language = "java" %>
<%! String food1 = ""; %>
<%
food1 = request.getParameter("food");
String name1 = (String)session.getAttribute("yhm");
%>
你的姓名是: <% = name1 %>
< P > 你喜欢吃: <% = food1 %>
```

（6）保存以上代码为 7-7.jsp。

（7）在浏览器中输入 http://localhost:8080/jsp7/7-6.htm，运行结果如图 7.27 所示。输入一个姓名，例如"邵丽萍"，单击"提交"按钮，可看到如图 7.28 所示的页面。如果在文本框中输入"葡萄"后单击"提交"按钮，可看到如图 7.29 所示的页面。

图 7.27　输入姓名

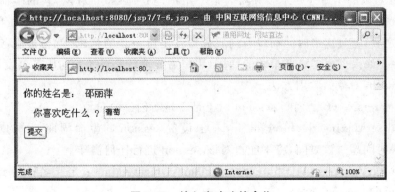

图 7.28　输入喜欢吃的食物

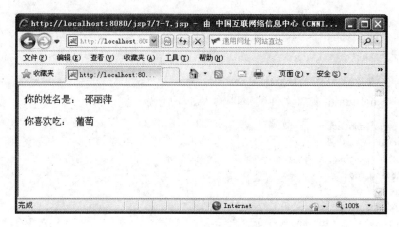

图 7.29   显示输入的信息

3. 归纳分析

（1）使用 session 对象保存用户信息的方法

在实例 7.6 中通过 setAttribute（"变量名"，变量值）方法定义了 session 类型的变量 yhm，通过 getAttribute（"变量名"）方法获取 yhm 变量。session 类型的变量 yhm 用来保存用户输入的用户名变量 name。可见，session 对象如同用户的私有变量。

（2）session 变量的特点

session 变量是由 session 对象专门创建的用于保存客户端信息而分配给用户的变量，是用户的私有变量，即每个上网的用户都有但各不相同。当用户第一次在浏览器上访问 Web 服务器发布目录下的 JSP 网页时，Web 服务器会自动创建一个 session 对象，并分配唯一的 ID 号。session 类型变量保存在服务器端，而 ID 号保存在客户端的 Cookie 中。

一个客户端可以有多个不同 session 对象的 ID 号，而 ID 号和 Web 服务器的 session 对象相对应。由于 session 对象在会话期间是一直有效的，因此 session 对象保存的变量对其他页面也有效。用户可以将需要传递的一些信息保存到 session 对象中，以便在访问其他页面时使用这些信息。

（3）session 对象具有的生命周期

session 对象的生命开始于服务器为某个用户建立 session 对象，它的生命结束于服务器所默认的或设置的时间期限。例如，Tomcat 系统默认时间为 30 分钟，如果用户在生成 session 之后，超过这个时间而没有向服务器发出进一步的请求，就会被服务器自动从系统中清除。如果页面需要登录才能使用，用户需要重新登录才能向服务器发出请求。

（4）session 对象的常用方法

➤ boolean isNew()：判断 session 对象是否是新创建的对象。

➤ Void setMaxInactiveInterval(int k)：设置 session 的生命周期。k 的单位为秒。
如果时间超过该时间，将不能再对该 session 进行任何操作。

➤ void putValue/setAttribute(String name，Object value)：定义名称为 name，值为 value 的 session 变量。

➤ long getCreationTime()：返回 session 的创建时间。

➤ long getLastAccessedTime()：返回当前 session 最后一次被访问的时间。

➤ String getId()：取得 session 的 ID 号，它是服务器创建该 session 时分配的，是唯一的。

➤ String getValue/getAttribute (String name)：取得 session 类型变量的值。如果参数 name 在当前 session 中不存在，则返回 null。

➤ getAttributeNames()：用于获取 session 对象中存储的每一个属性对象，结果返回为一个 Enumeration 类对象。

➤ removeAttribute(String name)：用于删除名称为 name 的属性对象。

➤ Void invaIidate()：设置当前 session 无效，其后不能访问该对象。

7.4.5 保存公共信息的 application 对象

1. 问题的提出

JSP 能否提供不同页面共同使用的信息呢？

2. 解题方案

JSP 提供了内置对象 application 来保存 Web 应用不同页面文件所使用的公用信息。一个 Web 应用通常由多个 HMTL 文件、JSP 文件、JavaBean、数据库文件等资源共同组成，当 Tomcat 启动时，JSP 容器会自动创建一个 application 对象，保存与 Web 应用有关的 Web 服务器名、JSP 容器等信息。application 对象一旦创建，它将一直存在，直到 Web 服务器关闭。因此，application 对象可以实现 Web 应用中多个用户间的数据共享，就像 Web 应用的公共变量一样。

实例 7.7 本例创建的 Web 应用包含两个页面文件：第 1 个是利用 application 对象保存公共信息的 JSP 文件(7-8.jsp)；第 2 个是输出与显示公共信息的 JSP 文件(7-9.jsp)。

解题步骤：

（1）在 EditPlus 主窗口文件编辑区输入如下代码。

```
<%
    out.println("JSP 容器: " + application.getServerInfo() + "<br>");
    String filename = request.getServletPath();   //获得本文档名
    out.println("JSP 文档: " + application.getRealPath(filename) + "<br>");

String s = (String)application.getAttribute("count");
    if (s == null)                              //设置 application 的 count 属性值为 1
      { application.setAttribute("count","1");
          out.println("欢迎你!你是本网站第 "+1+" 位访问者。<br><br>");
      }
    else
      { s = (Integer.parseInt(s) +1) +"";
        application.setAttribute("count",s);
        out.println("欢迎你!你是本网站第 "+s+" 位访问者。<br><br>");
```

```
      }
    String id = session.getId();
    out.println("session 的 ID 号:  " + id + "   " + "<br>");
    if (session.isNew())
      { out.println("该 session 是新创建的。" + "<br>");}
    int k = 36000;
    session.setMaxInactiveInterval(k);
    long n = session.getCreationTime();
    out.println("创建时间: " + (new java.util.Date(n)).toString() + "<br>");
    long m = session.getLastAccessedTime();
    out.println("访问时间: " + (new java.util.Date(m)).toString() + "<br>");
    session.setAttribute("number","1");          //设置 session 的 number 属性值为 1
    out.println("这是第 1 页。<br>");
%>
<a href = "7-9.jsp">下一页</a>
```

（2）保存以上代码为 7-8.jsp。

（3）在 EditPlus 主窗口文件编辑区输入如下代码。

```
  <%
    out.println("JSP 容器: " + application.getServerInfo() + "<br>");
    String filename = request.getServletPath();          //获得本文档名
    out.println("JSP 文档: " + application.getRealPath(filename) + "<br>");
    String s = (String)application.getAttribute("count");
    out.println("你好!你是第 " + s + " 位访问者。<br><br>");

    String id = session.getId();
    out.println("session 的 ID 号:  " + id + "   " + "<br>");
    String nb = (String)session.getAttribute("number");
    if (nb == null)
      { session.setAttribute("number","1"); }
    else
      { nb = (Integer.parseInt(nb)  + 1) + "";
        session.setAttribute("number",nb); }
    out.println("这是第 " + nb + " 页。<br>");
    session.invalidate();                          //设置当前 session 无效
  %>
```

（4）保存以上代码为 7-9.jsp。

（5）在浏览器中输入 http://localhost:8080/jsp7/7-8.jsp,运行结果如图 7.30 所示。单击"下一页"超链接,可看到如图 7.31 所示的页面。根据浏览次数不同,其中的数字会改变。这里其实创建了一个计数器,用来显示用户浏览页面的次数。

3. 归纳分析

（1）application 对象和 session 对象的区别

application 对象保存的是不同用户之间共用的数据变量,所以不同用户都可以读取到 application 对象的变量值。而 session 对象存储的是不同用户的私有数据,服务器端为每个 session 都要附加上 ID 识别码,所以 session 是私有的,只属于单个用户。

图 7.30　Web 应用的第 1 页

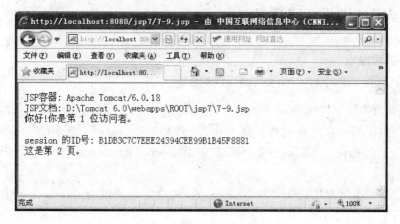

图 7.31　Web 应用的第 2 页

由实例 7.7 可知,使用 application 对象设置的 count 属性用来保存用户第几次访问该网页,而使用 session 对象设置的 number 属性值用来保存当前访问的是 Web 应用的第几页。

(2) application 对象的生命期

application 对象从 Web 服务器启动开始生成,到 Web 服务器关闭消失。

(3) application 对象的常用方法

String getRealPath():返回 filename 文件所在的绝对路径。

void setAttribute(String name,String value):设置名称为 name,值为 value 的 application 类型变量。

String getServletInfo():返回当前所使用的 Web 服务器(Servlet 编译器)及版本号信息。

Object getAttribute(String name):取得 application 类型变量的值。

getAttributeNames():用于获取 application 对象中存储的每一个属性对象,返回结果为一个 Enumeration 类对象。

其他内部对象还有 Exception、PageContext、Config、Page 等。

7.5 JSP 常用的动作标记

JSP 还提供了动作标记。使用 JSP 动作标记可以动态地插入其他网页文件、重用 JavaBean 组件、把用户重定向到另外的页面、为 Java 插件生成 HTML 代码等。

本节的任务是学习 JSP 动作标记 jsp:include、jsp:forward、jsp:plugin、jsp:useBean 的使用方法。

7.5.1 jsp:include 动作标记

1. 问题的提出

在 JSP 页面文件中可以引入其他文件吗?

2. 解题方案

JSP 提供了两种方式来引入其他文件,一种是通过 include 指令;另外一种是通过 jsp:include 动作标记。下面通过实例 7.8 来说明 jsp:include 动作标记引入其他文件的方法。

实例 7.8 本例创建页面文件(7-10.jsp),其功能是通过 jsp:include 动作标记引入 7-1.jsp 文件。

解题步骤:

(1) 在 EditPlus 主窗口文件编辑区输入如下代码。

```
<% --JSP 基本语法练习 -- %>
<% for (int i = 1; i <= 4; i++){ %>
<H<% = i%>>你好!</H<% = i%>>
<% } %>
<jsp:include page = "7 - 1.jsp" flush = "true"/>
```

(2) 保存以上代码为 7-10.jsp。

(3) 在浏览器中输入 http://localhost:8080/jsp7/7-10.jsp,运行结果如图 7.32 所示。

3. 归纳分析

由实例 7.8 可知,通过 jsp:include 动作标记可以把指定文件 7-1.jsp 插入到 7-10.jsp 页面文件中,从而减少代码重写,重复使用某种指定功能。

(1) jsp:include 动作标记的语法格式

jsp:include 动作标记的语法格式为:

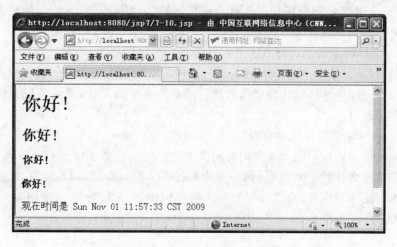

图 7.32 7-10. jsp 文件运行的结果

```
< jsp:include page = "relative URL" flush = "true">
   < jsp:param name = "属性名" value = "属性值"/>
      </jsp:include >
```

例如：

```
< jsp:include page = "7 - 1. jsp " flush = "true"/>
< jsp:include page = "news/new2.html" flush = "true"/>
< jsp:include page = "news/new3.jsp" flush = "true"/>
```

其中，page 属性说明文件的相对 URI 地址，以及 flush 是否立即刷新缓存。引入文件时可通过<jsp：param>子标记同时引入属性变量。

（2）相对路径与绝对路径的写法

在 JSP 中可以使用相对路径和绝对路径两种类型的写法。

① 相对路径

不以斜杠"/"开头的路径，例如"news/new1. html"。"../new. jsp"表示 new. jsp 存放在相对当前页面的上一层路径，"news/new2. html"表示 new2. html 存放在相对当前页面的下一层路径 news 中。

② 绝对路径

以斜杠"/"开头的路径，例如"/WZKF/jsp7/news/new1. html"。new1. html 相对它的 ServletContext 对象提供的根路径。它以某个 Web 服务 RUL 路径（虚拟目录的根目录，下节介绍）开始。

注意 文件系统目录中的斜杠为"\"。例如"C:\Tomecat 6.0"。

（3）jsp：include 动作与 include 指令的区别

① 引入时间的不同

include 指令语句，在 JSP 文件被转换成 Servlet 类文件（. class 文件）时引入被包含文件的,仅在 JSP 文件更新编译时才会再次更新被包含的文件。jsp:include 动作在 JSP 文件被请求时引入被包含文件。

② 引入文件的类型及执行方式

两者都可以引入 HTML、JSP 等类型的文件。include 指令在编译时将引入的文件一起解释执行。jsp:include 动作标记只处理后缀名为 .jsp 的文件,其他类型文件原样输出交浏览器解释执行。

③ jsp:include 动作标记的特点

jsp:include 动作标记引入文件的时间决定了它的运行效率要稍微差一点,而且被引入的文件不能包含某些 JSP 代码(例如不能设置 HTTP 头),但动态性好,能在每次 JSP 文件被请求时更新其内容。所以,如果引入文件的内容经常要变,可使用 jsp:include 动作标记;文件内容基本不变,可用 include 指令。

7.5.2 jsp:forward 动作标记

1. 问题的提出

在某个 JSP 页面可以跳转到其他页面文件上吗?

2. 解题方案

JSP 提供了 jsp:forward 动作标记实现从一个 JSP 文件(页面)跳转到另一个文件(页面),并同时可以传递一个属性值到另一个文件。

下面通过实例 7.9 来说明 jsp:forward 动作标记的使用方式。

实例 7.9 本例创建页面文件 7-11.jsp 与 7-12.jsp。7-11.jsp 的功能是通过 jsp:forward 动作标记跳转到 7-12.jsp 文件,7-12.jsp 的功能是显示接收到的参数值。

解题步骤:

(1) 在 EditPlus 主窗口文件编辑区输入如下代码。

```
< jsp:forward page = "7 - 12.jsp">
      < jsp:param name = "username" value = "lp"/>
      </jsp:forward >
```

(2) 保存以上代码为 7-11.jsp。

(3) 在 EditPlus 主窗口文件编辑区输入如下代码。

```
< html >
< font color = "blue">
欢迎你,
<% String yhm = request.getParameter("username"); %>
<% = yhm %>!
</font >
  </html >
```

(4) 保存以上代码为 7-12.jsp。

(5) 在浏览器中输入 http://localhost:8080/jsp7/7-11.jsp,运行结果如图 7.33 所示。

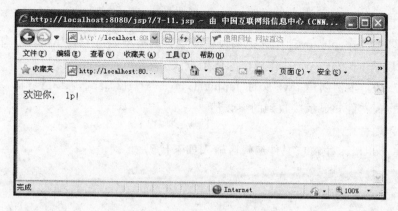

图 7.33 7-11.jsp 文件运行的结果

3. 归纳分析

（1）jsp：forward 动作标记的属性

由实例 7.9 可知，jsp：forward 动作标记只有一个属性 page。page 属性用来说明相对的 URL，例如 page＝"/jsp7/7-1.jsp"。page 属性的值可以直接给出，也可以在请求的时候动态计算出来，例如 page＝"＜%＝表达式%＞"。

（2）jsp：forward 动作标记的语法格式

jsp：forward 动作标记的语法格式为

```
< jsp: forward page = "relative URL" flush = "true">
    < jsp:param name = "属性名" value = "属性值"/>
</jsp:forward>
```

（3）jsp：forward 动作标记及子标记的功能

下面的语句通过＜jsp：forward＞动作标记将当前页面转向了目标文件 7-12.jsp，通过＜jsp:param＞子标记向目标文件 7-12.jsp 传递了参数和值，参数名为 username，值为 lp。

```
< jsp:forward page = "7 - 12.jsp">
    < jsp:param name = "username" value = "lp"/>
</jsp:forward>
```

注意　 ＜ jsp:forward＞ 开始标记与 ＜ /jsp:forward＞ 结束标记要配套，＜ jsp:param＞ 子标记每个结束时要添加的结束标记 /。

7.5.3　jsp：plugin 动作标记

1. 问题的提出

使用 JSP 可以向 Java 文件传递参数吗？在 JSP 页面中可以插入 Java Applet 小程序吗？

2. 解题方案

JSP 提供了 jsp:plugin 动作标记来根据浏览器的类型插入 Java Applet。下面通过实例 7.10 来说明 jsp:forward 动作标记的使用方式。

实例 7.10 本例创建 Java 文件 Japplet1.java 与 7-13.jsp。7-13.jsp 的功能是运行 Japplet1.class 文件并显示接收到的参数值。

解题步骤：

（1）在 EditPlus 主窗口文件编辑区输入如下代码。

```java
import javax.swing.*;
import java.awt.Graphics;

public class Japplet1 extends JApplet {

  String string = null;
  int x, y;

  public void init() {
    string = getParameter("message");
    x = Integer.parseInt(getParameter("xPos"));
    y = Integer.parseInt(getParameter("yPos"));
  }

  public void paint(Graphics g) {
    if (string! = null)
      g.drawString(string, x, y);
      g.drawString("参数 x 为" + x,30,60);
      g.drawString("参数 y 为" + y,30,90);
  }
}
```

（2）保存以上代码为 Japplet1.java，编译后产生 Japplet1.class 文件。

（3）在 EditPlus 主窗口文件编辑区输入如下代码。

```html
< html >
< body >
< font color = "blue">现在时间是
< % = (new java.util.Date()).toString() % >
<p>世界你好!
</font >
< jsp:plugin type = "applet" code = "Japplet1.class" height = "120" width = "320" >
    < jsp:params >
        < jsp:param name = "bgcolor" value = "ffffcc"/>
        < jsp:param name = "fgcolor" value = "ff0000"/>
        < jsp:param name = "message" value = "参数传递示例"/>
        < jsp:param name = "xPos" value = "30"/>
        < jsp:param name = "yPos" value = "30"/>
    </jsp:params >
```

```
    <jsp:fallback>无法加载 Applet</jsp:fallback>
  </jsp:plugin>
</body>
</html>
```

（4）保存以上代码为 7-13.jsp 文件。

（5）在浏览器中输入 http://localhost:8080/jsp7/7-13.jsp，运行结果如图 7.34 所示。

图 7.34　7-13.jsp 文件运行的结果

3. 归纳分析

JSP 使用 jsp:plugin 动作标记在 JSP 页面上插入 Java Applet 类。

（1）jsp:plugin 动作标记语法格式

```
<jsp:plugin type="applet" code="java 文件名.class" height="高度" width="宽度">
  <jsp:params>
  <jsp:param name="属性名"　value="属性值"/>
  <jsp:param name="属性名"　value="属性值"/>
  </jsp:params>
  <jsp:fallback>无法加载 Applet</jsp:fallback>
</jsp:plugin>
```

（2）<jsp:plugin>标记转换

JSP 文件被编译后，在送往浏览器时，<jsp:plugin>标记会根据浏览器的版本替换成<object>或者<embed>元素。

7.5.4　jsp:JavaBean 动作标记

1. 问题的提出

什么是 JavaBean？为什么要使用 JavaBean？如何创建与使用 JavaBean？

2. 解题方案

JavaBean 是基于 Java 的组件技术，它提供了创建和使用以组件形式出现的 Java 类的方法。

　　使用 JavaBean 的目的是为了重复使用 Java 类。JSP 对于在 Web 应用中集成的 JavaBean 组件提供了完善的支持。这种支持不仅能缩短开发时间(可以直接利用经测试和可信任的已有组件,避免重复开发),也为 Web 应用带来了更多的功能,例如,JavaBean 可以帮助 JSP 执行复杂的计算任务、负责与数据库进行交互以及提取数据等。

　　下面通过实例 7.11 来说明 JavaBean 创建和使用的方式。

　　实例 7.11 首先使用 Java 语言创建一个名称为 TaxRate 的 JavaBean。它具有两个变量:Product(产品)和 Rate(税率)。然后用两个 set 方法分别用来设置这两个变量,两个 get 方法用来提取这两个变量的值。在实际应用中,这种 JavaBean 一般从数据库提取税率值,此处简化了这个过程,允许任意设定税率。最后使用 jsp:JavaBean 动作标记编写一个运行 JavaBean 的 JSP 文件 TaxRate.jsp。

　　解题步骤:

　　(1) 编写 JavaBean 源程序(TaxRate.java 文件),在 EditPlus 主窗口文件编辑区输入如下代码。

```
package tax;
public class TaxRate {    //创建 TaxRate 类
    String Product;       //声明 Product 变量
    double Rate;          //声明 Rate 变量
    public TaxRate() {  //不带参数的构造方法
      this.Product = "A001";
      this.Rate = 5;
    }
    public void setProduct (String ProductName) {    //设置 Product 值的方法
      this.Product = ProductName;
    }
    public String getProduct() {                     //获取 Product 值的方法
      return (this.Product);
    }
    public void setRate (double rateValue) {         //设置 Rate 值的方法
      this.Rate = rateValue;
    }
    public double getRate () {                       //获取 Rate 值的方法
      return (this.Rate);
    }
}
```

　　(2) 编译生成字节码文件 TaxRate.class。

　　将 TaxRate.java 源程序编译为 TaxRate.class 字节码文件。如果没有其他编译环境,可参考以下编译方法。

　　➢ 首先确定 Windows 系统中的环境变量 Path 与 classpath 为 C:\sdk\jdk\bin;(根据 jdk 保存的路径进行设置),以保证可以对 Java 源程序进行编译。

　　➢ 通过命令提示符窗口或 MS-DOS 窗口进入 TaxRate.java 程序所在目录。

　　➢ 键入编译器文件名和要编译的源程序文件名"javac TaxRate.java",按 Enter 键即开始编译(注意:文件名中大小写不能错,否则运行会出问题)。

如果源程序没有错误,则屏幕上没有输出,可键入"dir"按 Enter 键后可在目录中看到生成了一个同名字的. class 文件"TaxRate. class",否则,将显示出错信息。

(3) 保存 JavaBean(TaxRate. class)到指定文件夹中

将编译后的 TaxRate. class 文件放在 Tomcat 6. 0\webapps\ROOT\WEB-INF\classes\tax 文件夹下,WEB-INF\classes 是 Tomcat 专门存放 JavaBean 的子目录,tax 是定义过的存放 TaxRate. class 的子目录(包)。

(4) 编写使用 JavaBean 的 JSP 文件,在 EditPlus 主窗口文件编辑区输入如下代码。

```
<html>
<%@ page language = "java" %>
<h4>应用 JavaBean 的 JSP 页面</h4>
<jsp:useBean id = "taxbean" scope = "application" class = "tax.TaxRate" />
初始设置的产品号和税率<br>
产品 : <% = taxbean.getProduct() %><br>
税率 : <% = taxbean.getRate() %>
<p>重新设置产品和税率值<br>
产品 : A002 <% taxbean.setProduct("A002"); %><br>
税率 : 17 <% taxbean.setRate(17); %><p>

显示新设置的产品与税率的值<br>
产品 : <% = taxbean.getProduct() %><br>
税率 : <% = taxbean.getRate() %>
</html>
```

(5) 保存为 TaxRate. jsp。

(6) 在浏览器中输入 http://localhost:8080/jsp7/TaxRate.jsp,运行结果如图 7.35 所示。

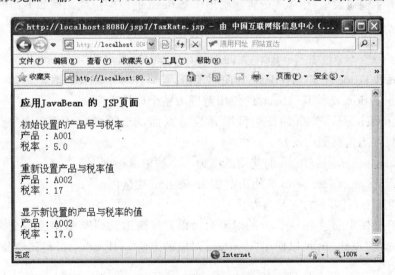

图 7.35 TaxRate.jsp 文件运行的结果

可以看到在 TaxRate. jsp 页面中通过 TaxRate 的 set 和 get 方法重新设置并显示了变量的值。该例没有什么实际意义,只是让读者了解如何创建和使用 JavaBean。

3. 归纳总结

（1）JavaBean 的特点

JavaBean 是一个 Java 程序，它要定义一个存放相关 class 文件的包名，例如 tax。这种 Java 类没有 main（）方法，有一个不带参数的构造方法，类中有多个自定义变量和方法。

一个标准的 JavaBean 一般具有以下五个特点。

① JavaBean 是一个公共（public）类。

② JavaBean 没有 main（）方法，不能直接运行。

③ JavaBean 有一个不带参数的构造方法。

④ JavaBean 具有 setXXX（）方法可以设置变量的值，同时具有 getXXX（）方法可以获取变量的值。

这种 Java 类称为 JavaBean。

⑤ 必须存放在指定位置根目录下的"WEB-INF\classes\包名"目录下。

（2）在 JSP 中使用 JavaBean 的方法

在 JSP 中使用 JavaBean 需要声明并创建 JavaBean 的对象。通过＜jsp:useBean＞动作标记可以在 JSP 页面中声明并创建一个 JavaBean 的对象。这个动作标记非常有用，因为通过它既可以继承 Java 组件重用的优势，又可以发挥 JSP 的方便性。

jsp:useBean 动作标记的语法格式为：

```
< jsp:useBean id = "name" class = "package.class" scope = " scope "/>
```

它表示由＜jsp:useBean＞创建了一个由 class 属性指定的 JavaBean 实例对象，并由 id 属性给出实例对象名，由 scope 属性给出 JavaBean 的使用范围。例如下面的语句。

```
< jsp:useBean id = " taxbean " class = "tax.TaxRate" scope = "application" />
```

定义了一个 tax 包中 TaxRate 类的 JavaBean 对象，其名为"taxbean"。

范围属性 scope 确定 JavaBean 的使用范围，其属性有 4 种参数值。

① application 表示 JavaBean 的使用范围为整个应用程序。

② page 表示 JavaBean 的使用范围是当前页面，scope 的默认值就是 page，表示该 JavaBean 只在当前页面内可用。

③ request 表示 JavaBean 的使用范围为一个被请求的网页。

④ session 表示 JavaBean 的使用范围为 session 变量内。

（3）调用 JavaBean 的变量与方法

在 JSP 文件中通过 JavaBean 的对象名可以直接调用 JavaBean 对象的变量与方法。

例如，通过 taxbean 可以使用 TaxRate 对象的方法 getProduct（）得到产品的编号，参见下面的语句。

```
< % = taxbean.getProduct()%>
```

（4）更改 JavaBean 变量的值

在 JSP 文件中可以直接更改 JavaBean 中变量的值，例如可使用 TaxRate 对象的

setProduct(参数)方法来更改 TaxRate 对象的 Product 变量的值,参见下面的语句。

```
<% taxbean. setProduct("A002"); %>
```

(5) 存放 JavaBean 的位置

为了要让网络服务器可以找到 JavaBean,需要将 JavaBean 的类文件放在一个特别的位置。一般将 JavaBean 的类文件存放在指定的 JavaBean 包(本书为 C:\Tomcat 6.0\webapps\ROOT\WEB-INF\classes\包名)目录下。

7.5.5 jsp:setProperty 与 jsp:getProperty 动作标记

<jsp:setProperty/>动作标记用来设置实例化的 JavaBean 对象的属性,在<jsp:useBean/>标记出现后使用。例如:

```
< jsp:useBean id = "taxbean" scope = "application" class = "tax. TaxRate" />
< jsp:setProperty name = "taxbean" property = "Product" value = "A003" />
< jsp:setProperty name = "taxbean" property = "Rate" value = "13" />
```

jsp:getProperty 动作标记表示先提取 JavaBean 对象属性的值,然后转换成字符串在 JSP 页面中输出。例如:

```
< jsp:getProperty name = "taxbean" property = "Product"/>
< jsp:getProperty name = "taxbean" property = "Rate"/>
```

它们都有两个属性,name 为实例化的 JavaBean 对象的名字;property 为 JavaBean 对象的属性名。

7.6 创建虚拟目录

上面介绍的 JSP 文件都是保存在 Tomcat 根目录 ROOT 下的,浏览器能够正常运行这些 JSP 文件。但是如果将 JSP 文件保存在其他文件夹中,浏览器是否能正常运行它们呢?

本节的任务是学习如何运行保存在虚拟目录下的 JSP 文件。

7.6.1 根目录、物理目录与虚拟目录

1. 根目录(或称主目录)

启动 Tomcat 服务器后,Tomcat 服务器就可以对用户浏览器提交的网页浏览请求做出响应。为了使 Tomcat 服务器实现这种响应,需要将发布的文件保存在站点的根目录

或该目录的子文件夹中。

Tomcat 默认站点的路径为"C:\Tomcat 6.0\webapps\ROOT",该路径称为 Tomcat 的根目录。在浏览器中输入网址：http://localhost:8080/文件夹/文件名，即可访问"C:\Tomcat 6.0\webapps\ROOT\文件夹"中相应的文件，例如，http://localhost:8080/jsp7/7-1.jsp。

2. 物理目录

在计算机或存储器中存放文件的文件管理系统的路径称为物理目录。例如，可设置"C:\wzkf"物理目录，将编写的网页文件都保存在这里。

3. 虚拟目录

虚拟目录是指在计算机中不存在的路径。但 Tomcat 却将其视为根目录。

4. 别名

别名是虚拟目录对应物理目录的名称。Tomcat 服务器通过别名运行物理目录下的网页文件。别名可与物理文件夹同名，也可不同。为了方便输入网址，别名一般比真实文件夹名短。例如，"C:\wzkf"文件夹名，可用 jsp 作为别名。这样可以增加程序的安全性，使外人不容易发现文件所在的物理目录。

7.6.2 通过 Tomcat 管理器创建虚拟目录

1. 问题的提出

如何通过 Tomcat 管理器为存放 JSP 文件的其他文件夹创建虚拟目录呢？

2. 解题方案

通过 Tomcat 管理器可以很方便直观地创建虚拟目录。操作步骤如下：

（1）首先要创建存放创建 JSP 文件的物理目录，例如 C:\XNML。

（2）在 Windows 界面单击"开始"|"所有程序"|"Apache Tomcat 6.0"|"Tomcat Manager"命令，打开如图 7.36 所示的窗口。

（3）输入用户名。这是安装 Tomcat 时确定的，默认名称为 admin。如果设置了口令还需要输入口令，本书根据安装时定义口令为空。单击"确定"按钮，打开如图 7.37 所示的窗口。

（4）如图 7.38 所示，在 Deploy 栏下的 Context Path 文本框中输入虚拟目录名称/ST。在 WAR or Directory URL 文本框中输入物理目录路径/C:\XNML。

单击"Deploy"按钮，可看到如图 7.39 所示的虚拟目录信息。一个是创建成功的 OK 信息，一个是在

图 7.36 Tomcat 管理器登录窗口

Applications 栏下虚拟目录的显示。在其右侧单击 Undeploy 超链接，可以清除所创建的

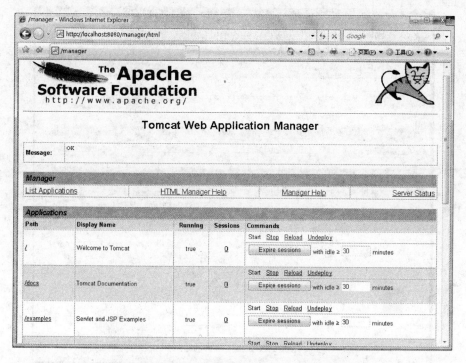

图 7.37　"Tomcat Web Application Manager"窗口

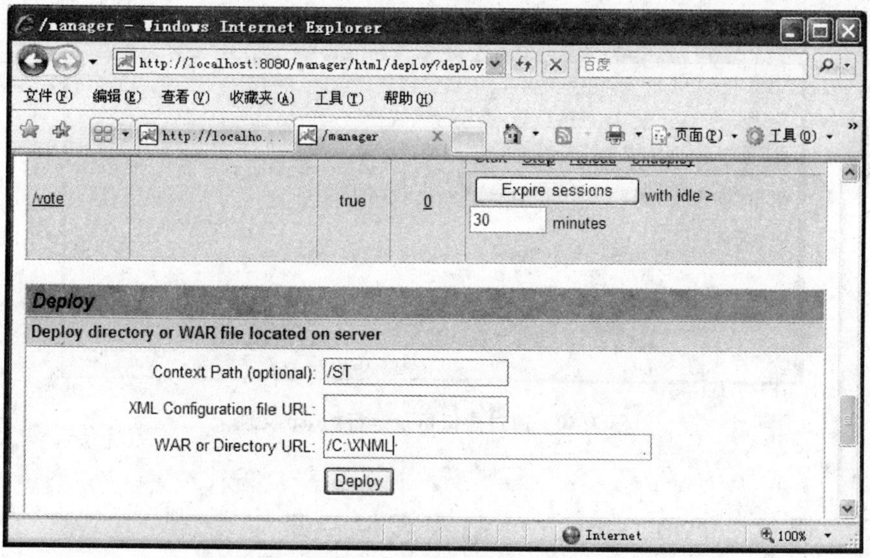

图 7.38　输入虚拟目录名称与物理目录名称

虚拟目录。

（5）将 7-1.jsp 文件存放在 C:\XNML\jsp7 路径下，在浏览器地址栏输入 http://localhost:8080/ST/jsp7/7-1.jsp，按 Enter 键后将看到如图 7.40 所示页面。

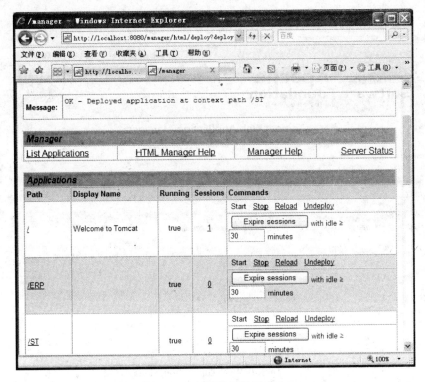

图 7.39 创建虚拟目录成功

图 7.40 通过虚拟目录运行的 jsp 文件

7.6.3 通过 server.xml 文件创建虚拟目录

1. 问题的提出

除了使用 Tomcat 创建虚拟目录以外，还可以使用其他方式创建虚拟目录吗？

2. 解题方案

通过 server.xml 文件可以直接创建虚拟目录。操作步骤如下：

(1) 在资源管理器中 Tomcat 6.0 目录下的 conf 文件夹中,找到 server.xml 文件,如图 7.41 所示。

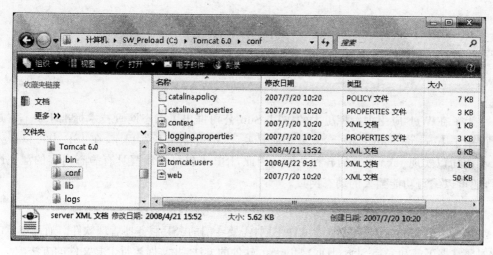

图 7.41　server.xml 文件存放路径

(2) 在网页编辑器中打开 server.xml 文件,在<host></host>标记之间加入如下 Context 标记对,如图 7.42 所示。

```
< Context path = "/lp" docBase = "c:\XNML"   debug = "0" reloadable = "true"> </Context>
```

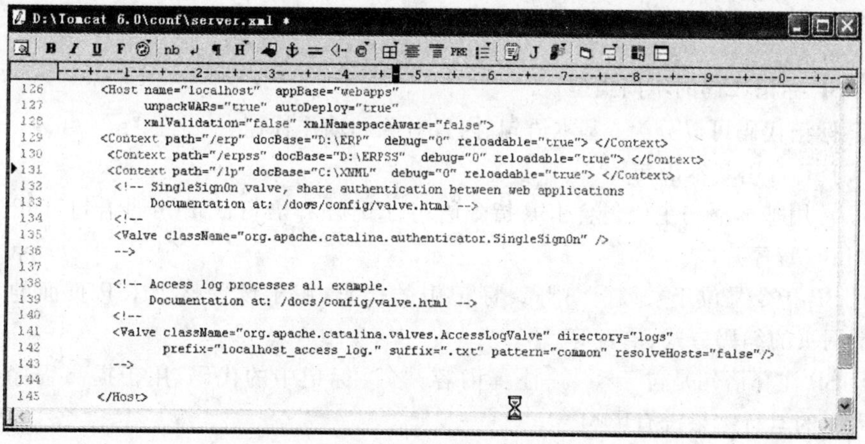

图 7.42　添加 Context 标记对

(3) 设置后需要重启 Tomcat 服务器才可通过虚拟目录运行 JSP 文件。

3. 归纳分析

(1) 通过 server.xml 文件创建的虚拟目录,只能通过 server.xml 文件删除。

(2) 如果在连接数据库时使用的是物理地址,需要通过 server.xml 文件来设置虚拟目录。

（3）通过在 server. xml 文件中添加 Context 标记对可以同时设置两个或更多个虚拟目录。

7.7 总结提高

为了在 Web 应用中发挥更大的作用，Sun 公司推出了动态网页技术标准 JSP。它是专门用于 Internet 的开发语言，主要功能是基于 Web 应用开发程序，在 JSP 中可以嵌入 Java 语句以实现 Java 语言的各种功能。因此，JSP 不仅可以编写具有静态内容的漂亮网页，还可以编写功能强大的动态网页。

1. 构建 JSP 的运行环境

运行 JSP 文件与运行 HTML 文件不同，需要专门的 JSP 服务器管理软件。通过本章的学习要掌握下载和安装 SDK(JDK)、Tomcat 软件的方法，并掌握运行 JSP 文件的方法。

2. JSP 的基本组成

JSP 文档包含 HTML 标记代码和 JSP 标记代码。

（1）HTML 标记代码

HTML 标记代码主要用于静态页面布局、图片和文字内容显示。

（2）JSP 标记代码

JSP 标记代码用于完成动态数据处理任务。

3. JSP 标记代码的不同类型

JSP 标记代码可以分为：基本语句、内置对象和动作标记。

（1）JSP 常用基本语句

JSP 常用基本语句主要包含 JSP 指令语句、JSP 注释语句、JSP 声明语句、JSP 表达式语句和 Java 程序片段。

① JSP 指令是位于＜%@　%＞标记中的代码，用于设置整个 JSP 页面的相关属性，包括网页的编码方式、语言等。

② JSP 注释语句是位于＜%--注释内容--%＞标记中的代码，用于提高程序的可读性，对程序的运行结果没有影响。

③ JSP 声明语句是位于＜%! 类型 变量或方法名；%＞标记中的代码，用于在 JSP 文件中定义页面级变量或方法。

④ JSP 表达式语句是位于＜%= 表达式%＞标记中的代码，用于输出表达式的值。在 JSP 网页运行后会将 JSP 生成的数值、转化的字符串嵌入到 HTML 页面相应位置显示出来。

⑤ Java 程序片段是位于＜% %＞标记中的代码，可将 Java 程序代码嵌入到 JSP 文档中以完成动态处理功能。有时，为了同时使用 HTML 标记，需要将一个完整的 Java 程序代码分别嵌入到多个＜% %＞标记中。

（2）JSP 常用的内置对象

JSP 定义了一组可以直接使用的内置对象。这些对象可以在 JSP 文档中直接使用，浏览器在编译 JSP 页面时会自动识别所包含的内置对象。学习内置对象主要是了解和使用内置对象具有的各种方法。

本章介绍了 5 个常用内置对象。

① request 对象可用于获取用户在浏览器页面上输入的信息。

② response 对象可将服务器的响应信息发送到客户端的用户页面。

③ out 对象可将服务器的处理结果信息发送到客户端的用户页面。

④ session 对象可用于保存当前浏览器用户的信息，跟踪用户的操作状态。

⑤ application 对象可保存 Web 应用不同页面文件所使用的公用信息。

（3）JSP 常用的动作标记

JSP 提供了动作标记，使用这些标记可以完成动态地插入其他网页文件、重用 JavaBean 组件、把用户重定向到另外的页面、为 Java 插件生成 HTML 代码等任务。

本章介绍了几个常用的动作标记。

① jsp:include 用于从 JSP 文件中引入 HTML、JSP 等类型的文件。

② jsp:forward 用于从一个 JSP 文件（页面）跳转到另一个文件（页面）。

③ jsp:plugin 用于在 JSP 文件中插入 Java Applet 类文件。

④ jsp:useBean 用于在 JSP 文件中声明并创建一个 JavaBean 的对象，在 JSP 文件中使用 JavaBean 实例对象的变量和方法。

4. 虚拟目录

JSP 文件通常存放在 Tomcat 根目录 ROOT 下。如果存放在其他路径的文件夹中，需要定义其虚拟目录以便 Tomcat 能够找到，否则浏览器不能正常运行它们。

7.8　思考与练习

7.8.1　思考题

1. JSP 有哪些基本语句？

2. JSP 有哪些常用的内置对象？

3. JSP 有哪些动作标记？

4. JSP 与 Java 存在什么关系？

5. JavaBean 有什么作用？

7.8.2　上机练习

1. 下载安装 SDK，并设置 Windows 2000/XP 环境中的"环境变量"path 和

classpath,其变量值都为"C:\sdk\jdk\bin;"。设置完成后,在 Windows 2000/XP 环境下单击"开始"|"所有程序"|"附件"|"命令提示符"打开 DOS 窗口,在命令提示符下输入"java"或"javac"。按 Enter 键后,如果出现其用法参数提示信息,则安装正确。

2. 编译一个 java 程序 Hello.java,代码如下:

```
public class Hello {
public static void main(String args[ ]) {
    System.out.println("欢迎你学习 Java 语言!");
}
}
```

将 Hello.java 保存在"C:\java\程序>"目录下。

打开 Windows 的"命令提示符窗口",进入"C:\java\程序>"目录下,输入 javac Hello.java,按 Enter 键。

看当前目录下是否有编译好的 Hello.class 字节码文件。

3. 下载并安装 Tomcat,设置 JSP 运行环境。创建一个存放 JSP 文件的文件夹,将实例 7-1.jsp 复制过去,看是否能在浏览器中显示该 JSP 页面。

4. 编写一个含有 JSP 基本语句的 JSP 文件并运行之。

5. 编写一个简单的 JavaBean 文件,并编写一个应用 JavaBean 的 JSP 程序。

6. 编写一个 html 文件,包含一个输入用户名的文本框和输入口令的文本框,并编写一个根据输入的用户名和口令显示不同结果的 JSP 页面。当用户名和口令为"test"和"1234"时,显示"欢迎你进入 JSP 学习乐园!";否则,显示"你输入的用户名和口令不正确。"(可参考 JavaScript 中的选择结构语句)。

7. 编写一个可以输入不同整数 n 的文本框,在当前 JSP 页上显示 n! 计算结果的 JSP 页面。

8. 编写一个显示 application 和 session 变量所保存的信息的页面。

第 8 章

通过 JSP 访问数据库

　　随着越来越多的数据保存在数据库服务器上，使用搜索引擎、在线购物甚至是访问网站（http://www…）都离不开数据库。通过 JSP 访问数据库的方法也就更加重要了。

　　通过本章的学习，能够掌握：

　✓ 在服务器端通过 JSP 文件访问数据库的方法
　✓ 在客户端通过 JSP 页面访问数据库的方法

8.1　在服务器端通过 JSP 访问数据库

本节的任务是学习在服务器端通过 JSP 访问数据库的不同方法。

8.1.1　通过 JSP 页面显示数据库中的数据

1. 问题的提出

通过 JSP 页面能否查询数据库中的数据呢？

2. 解题方案

通过 JSP 页面访问数据库中的数据与 Java 程序访问数据库的方式相同。先要建立存放数据表的数据库，例如 stuDB，然后通过 ODBC 和 JDBC 建立数据源 stuDB2。下面看如何在页面上显示 stuDB 数据库 student 表中的数据。

实例 8.1　查询并使用表格显示数据库表中数据的程序(8-1.jsp)。

解题步骤：

(1) 在 EditPlus 主窗口文件编辑区输入如下代码。

```jsp
<%@ page contentType="text/html;charset=gb2312" %>
<%@ page import="java.sql.*" %>
<html>
<body>
<b>下面显示的是数据库表中的数据!</b><p>
<%
Class.forName("sun.jdbc.odbc.JdbcOdbcDriver");                //注册驱动程序
Connection c = DriverManager.getConnection("jdbc:odbc:stuDB2");//创建连接数据源的对象
Statement s = (Statement)c.createStatement();
String sql = "SELECT * FROM student";
ResultSet rs = s.executeQuery(sql);
out.println("<table border=1>");
while(rs.next()) { %>
<% out.println("<tr><td>");
out.println(rs.getString(1));
out.println("</td>");
out.println("<td>");
out.print(rs.getString(2));
out.println("</td>");
out.println("<td>");
out.print(rs.getString(3));
out.println("</td></tr>");
%>
```

```
<%}%>
<%rs.close();
s.close();
c.close();%>
</body>
</html>
```

（2）保存新创建的程序文件为 8-1.jsp。

（3）在浏览器中输入 http://localhost:8080/jsp7/8-1.jsp，运行结果如图 8.1 所示，显示了 student 表中"学号"、"姓名"与"性别"的数据。

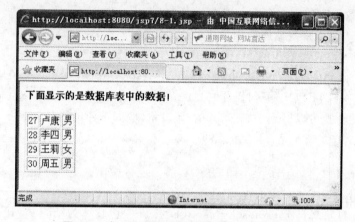

图 8.1 在 JSP 页面中显示数据库表中的数据

3. 归纳分析

由实例 8.1 可知，要使用 SQL 语句对数据库中的数据进行查询，在 JSP 文件中要注意以下知识点。

（1）引入 SQL 类包的语句

必须使用<%@ page import="java.sql.*"%>语句引入 Java 的 SQL 类包，因为 JDBC 中的一系列接口程序都在 java.sql 包中，要访问数据库，必须使用 JDBC 中的接口程序。

（2）装载并注册驱动程序的语句

连接 JdbcOdbc 驱动程序的类名为 sun.jdbc.odbc.JdbcOdbcDriver。要使用驱动程序类，首先需要使用 Class 类的静态方法 forName 装载并注册驱动程序，语句如下：

```
Class.forName("sun.jdbc.odbc.JdbcOdbcDriver");
```

（3）创建与数据库建立连接的 Connection 对象的语句

Connection 对象来自于 java.sql.Connection 接口，它的作用是与数据库进行连接。通过 DriverManager 类的 getConnection(url)方法，可以创建一个 Connection 对象，语句如下：

```
Connection c = DriverManager.getConnection(url);
```

（4）指定 URL 地址的语句

要使用 JDBC 连接数据库需要建立一个 URL 地址，从而使应用程序知道到哪里找到数据库中的表。实例 8.1 中建立 URL 地址为"jdbc:odbc:jsp"。

指定 URL 地址的语法格式如下：

```
url = jdbc:odbc://[hostname][:port]/dbname[?user = value1][&password = value2][&param1 =
value3][&param2 = value4]...
```

其中包括如下参数。

① hostname：主机名称

② port：端口号

③ dbname：数据库名称，不能缺少

④ user：数据库的用户名

⑤ password：连接数据库的用户口令

（5）创建执行 SQL 语句的 Statement 对象的语句

执行 SQL 语句的 Statement 对象来自于 java.sql.Statement 接口。它的作用是对一个特定的数据库执行 SQL 语句操作。Connection 对象的 createStatement()方法经过 Statement 类型转换可以得到一个 Statement 对象，例如下面的语句。

```
stmt = (Statement)c.createStatement();
```

Statement 对象可以对多个不同的 SQL 语句进行操作。

（6）创建 ResultSet 对象的语句

ResultSet 对象来自于 java.sql.ResultSet 接口。它被称为结果集，代表一种特定的容器，用来保存查询的所有结果数据。ResultSet 对象是由 Statement 对象的 executeQuery(sql)方法在执行 SQL 语句后所创建的，例如下面的语句。

```
ResultSet rs = s.executeQuery(sql);
```

ResultSet 对象可以根据查询结果按行对数据进行存取。存取数据时可用到以下方法。

next()：可以移动指针至查询结果的当前数据行的下一行。

getXXXX(n)：可以给出查询结果的当前数据行第 n-1 列的数值。XXXX 表示不同的数据类型，例如，getLong(1)，getString(2)。关于 java.sql 包的接口及其方法可到网站详细查看。

（7）在页面上用表格显示数据库表中数据的语句

在实例 8.1 中使用 HTML 表格标记码与 JSP 表达式语句、Java 的 while 循环语句在页面上用表格显示了数据库表中的数据。

（8）释放资源的语句

最后要使用 close()方法释放所定义的 s、c、rs 等对象资源。

8.1.2　通过 JSP 在数据库中添加或删除数据

1. 问题的提出

通过 JSP 页面能否向数据库表中添加数据呢？

2. 解题方案

在 stuDB 数据库中添加表 admins，其中包含两个字段：用户名（name，文本，20），口令（pwd，文本，16），其中数据如图 8.2 所示。

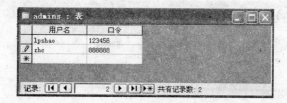

图 8.2 表 admins 中的数据

实例 8.2 向数据库表 admins 中添加数据的程序（8-2.jsp）。

解题步骤：

（1）在 EditPlus 主窗口文件编辑区输入如下代码。

```
<%@ page contentType = "text/html;charset = gb2312" %>
<%@ page import = "java.sql. * " %>
<html>
<body>
<b>显示添加后的数据</b><p>
<%
PreparedStatement ps;
Class.forName("sun.jdbc.odbc.JdbcOdbcDriver");                //注册驱动程序
Connection c = DriverManager.getConnection("jdbc:odbc:stuDB2");//创建连接数据源的对象
Statement s = (Statement)c.createStatement();
//添加记录
String sql1 = "insert into admins values(?,?)";
ps = (PreparedStatement)c.prepareStatement(sql1);
        ps.setString(1,"张驰");
        ps.setString(2,"123456");
        ps.executeUpdate();

//查询记录
ResultSet rs = s.executeQuery("SELECT * FROM admins");
out.println("<table border = 1>");
while(rs.next()) {
out.println("<tr><td>");
out.println(rs.getString(1));
out.println("</td>");
out.println("<td>");
out.print(rs.getString(2));
out.println("</td></tr>");
}
rs.close();
s.close();
c.close(); %>
</body>
</html>
```

（2）保存新创建的程序文件为 8-2.jsp。

（3）在浏览器中输入 http://localhost:8080/jsp7/8-2.jsp，运行结果如图 8.3 所示，数据"张驰,123456"添加到了表对象 admins 中。

图 8.3　8-2.jsp 的运行结果

注意　　如果再次运行 8-2.jsp 会发生添加数据出错的提示。因为姓名字段是关键字，不能重复。

实例 8.3　在数据库表 admins 中删除数据的程序（8-3.jsp）。

解题步骤：

（1）在 EditPlus 主窗口文件编辑区输入如下代码。

```jsp
<%@ page contentType = "text/html;charset = gb2312" %>
<%@ page import = "java.sql.*" %>

<b>显示删除后的数据</b><p>
<%
PreparedStatement  ps;
Class.forName("sun.jdbc.odbc.JdbcOdbcDriver");              //注册驱动程序
Connection c = DriverManager.getConnection("jdbc:odbc:stuDB2"); //创建连接数据源的对象
Statement s = (Statement)c.createStatement();

//删除记录
String sql2 = "DELETE FROM admins WHERE name = 'zhc'";
s.executeUpdate(sql2);
//查询记录
ResultSet rs = s.executeQuery("SELECT * FROM admins");
out.println("<table border = 1>");
while(rs.next()) {
out.println("<tr><td>");
out.println(rs.getString(1));
out.println("</td>");
out.println("<td>");
```

```
out.print(rs.getString(2));
out.println("</td></tr>");
}
rs.close();
s.close();
c.close();%>
```

（2）保存新创建的程序文件为 8-3.jsp。

（3）在浏览器中输入 http://localhost:8080/jsp7/8-3.jsp，运行结果如图 8.4 所示，数据"zhc,888888"被删除从表对象 admins 中。

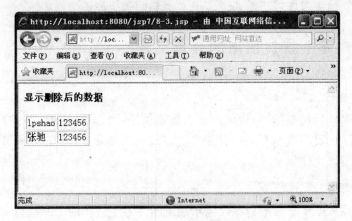

图 8.4 8-3.jsp 的运行结果

注意 如果再次运行 8-3.jsp 会发生删除数据出错的提示。因为该数据已不存在。

3. 归纳分析

（1）PreparedStatement 对象

实例 8.3 中使用了 Statement 的子接口 PreparedStatement 对象。它的功能很强大，所使用的 SQL 语句中可以包含多个用问号"?"代表的字段，这样的 SQL 语句称为预编译的 SQL 语句，例如：

```
String sql = "insert into admins values(?,?)");
```

通过 PreparedStatement 对象的 setXXXX()方法可以分别给"?"代表的字段赋值，例如：

使用 ps.setString(1，"文本数据")添加文本类型数据；使用 ps.setInt(2，12) 添加整数型数据。按 SQL 语句中"?"字段出现的顺序为记录中的字段添加数据，从 1 开始。

PreparedStatement 对象的 executeUpdate()方法可以完成添加数据的任务。

（2）使用不同的 SQL 语句

由实例 8.3 可知，连接数据库的方式是相同的，不同的是 SQL 语句和执行 SQL 语句的对象。

8.2　在客户端通过 JSP 访问数据库

在 8.1 节中介绍了在服务器端通过 JSP 访问数据库的方式,但这种处理方式并不灵活,需要在服务器端的程序文件中编写相应的代码才能解决查询、添加、删除等任务。那么能不能在客户端通过页面直接向数据库添加数据或进行查询呢?

本节的任务是学习在客户端通过 JSP 页面访问数据库的方法。

8.2.1　创建两个重复使用的公用文件

1. 问题的提出

为了使 JSP 代码简单清晰,使代码可以重复使用,增加程序的可维护性,能否将执行某个功能的程序代码单独编写为一个公用的 JSP 文件呢? 当其他程序需要这些功能时又怎样直接调用该文件呢?

2. 解题方案

下面将连接数据库功能的程序代码单独编写为一个公用的 JSP 文件 dbc.jsp,将数据库查询结果按表格输出的功能编写为一个公用的 JSP 文件 table.jsp。当其他程序需要使用数据库连接或用表格输出数据库查询结果时,只要稍加修改或直接将公用的 JSP 文件包含在 JSP 文件中即可。

实例 8.4　创建连接数据源 stuDB2 的公用文件(dbc.jsp)。

解题步骤:

(1) 在 EditPlus 主窗口文件编辑区输入如下代码。

```
<%@ page import = "java.sql.*" %>
<%
Class.forName("sun.jdbc.odbc.JdbcOdbcDriver");
Connection c = DriverManager.getConnection("jdbc:odbc:stuDB2");
Statement s = (Statement)c.createStatement();
PreparedStatement ps = null;
%>
```

(2) 保存新创建的程序文件为 dbc.jsp。

dbc.jsp 解决了连接数据库 stuDB 的任务,创建了一个连接数据库的接口对象 c、一个进行 SQL 查询的容器对象 s 和一个进行 SQL 添加操作的对象 ps,并提供了一种直接与数据库文件建立联系的方法,可以免去重复建立数据源的工作。

实例 8.5　创建按表格输出数据库查询结果的公用文件(table.jsp)。

解题步骤:

(1) 在 EditPlus 主窗口文件编辑区输入如下代码。

```
<%
out.println("< table border = 1 >");
while(rs.next()) {
out.println("< tr >< td >");
out.println(rs.getString(1));
out.println("</td>");
out.println("< td >");
out.print(rs.getString(2));
out.println("</td></tr>");
}

rs.close();
ps.close();
s.close();
c.close();
%>
```

（2）保存新创建的程序文件为 table.jsp。

8.2.2　在客户端向数据库添加数据

1. 问题的提出

能否在页面上创建文本框来向数据库添加数据呢？

2. 解题方案

先创建一个用于用户输入数据的 HTML 页面，再创建一个用于显示用户输入的数据的 JSP 页面。

实例 8.6　创建用于用户输入数据的 HTML 页面（8-4.html）。

解题步骤：

（1）在 EditPlus 主窗口文件编辑区输入如下代码。

```
< strong >向数据库添加数据</strong>
< form name = "form1" method = "post" action = "8 - 4.jsp">
 < p >用户名< input name = "yhm" type = "text" id = "yhm" size = "15"></p>
 < p >口　令< input type = "password" name = "kl" size = "15"></p>
 < p > < input type = "submit" name = "Submit" value = "提交">
 < input type = "reset" name = "" value = "重置">
</font>
</p>
</form>
```

（2）保存新创建的程序文件为 8-4.html。

实例 8.7　创建显示数据库添加数据后结果的 JSP 页面（8-4.jsp）。

解题步骤：

（1）在 EditPlus 主窗口文件编辑区输入如下代码。

```
<%@ page contentType = "text/html;charset = gb2312" %>
<b>在客户端添加数据到数据库</b><p>
<%@ include file = "dbc.jsp" %>
<%
//添加数据
String yhm = request.getParameter("yhm");
String kl = request.getParameter("kl");
ps = c.prepareStatement("INSERT INTO admins VALUES(?,?)");
ps.setString(1,yhm);
ps.setString(2,kl);
ps.execute();
//查询记录
ps = c.prepareStatement("SELECT * FROM admins ");
ResultSet rs = ps.executeQuery();
%>
<%@ include file = "table.jsp" %>
```

（2）保存新创建的程序文件为 8-4.jsp。

（3）在浏览器中输入 http://localhost:8080/jsp7/8-4.html，运行结果如图 8.5 所示。输入数据后按"提交"按钮，可看到如图 8.6 所示的数据显示页面。

图 8.5　用户输入数据页面

图 8.6　添加的数据

3. 归纳分析

本例使用了公用文件,这样可以将常用的、共用的一些功能单独编写为一个独立的文件,可以使代码重用,并提高程序的可维护性。

8.2.3　在客户端输入查询条件并显示查询结果

1. 问题的提出

能不能让用户在 JSP 页面上输入查询条件,然后将数据库服务器检索到的查询结果返回到同一个页面上呢?

2. 解题方案

下面创建一个在客户端浏览器中用户输入"用户名"后可以显示查询结果的 JSP 页面。

实例 8.8　创建按用户名查询用户口令的 JSP 文件(8-5.jsp)。

解题步骤:

(1) 在 EditPlus 主窗口文件编辑区输入如下代码。

```
<%@ page contentType = "text/html;charset = gb2312" %>
<form name = "form1" method = "post" action = "8 - 5.jsp">
 <p>用户名< input name = "yhm" type = "text" id = "yhm" size = "15"></p>
<p>< input type = "submit" name = "Submit" value = "执行查询">
 < input type = "reset" name = "" value = "重置">
</font></p>
</form>
<%@ include file = "dbc.jsp" %>
<%
String name = request.getParameter("yhm");
ps = c.prepareStatement("SELECT * FROM admins WHERE name = ?");
ps.setString(1,name);
ResultSet rs = ps.executeQuery();
%>
<HR>
按用户名查询的结果
<%@ include file = "table.jsp" %>
```

(2) 保存新创建的程序文件为 8-5.jsp。

(3) 在浏览器中输入 http://localhost:8080/jsp7/8-5.jsp,运行结果如图 8.7 所示。输入数据后单击"执行查询"按钮,可看到如图 8.8 所示的数据库中对应用户名的口令。

3. 归纳分析

本例将输入数据页面与查询结果页面统一在一个 JSP 文件中,通常可用于需要简单查询结果的页面。

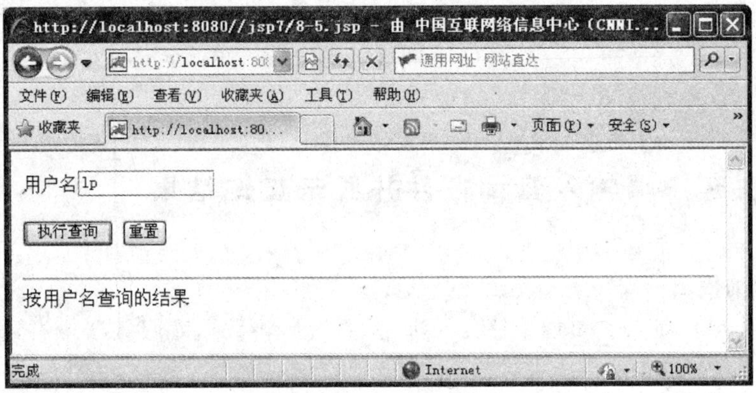

图 8.7　输入查询条件的页面

图 8.8　显示查询结果的页面

8.3　JSP 综合应用实例

8.3.1　密码表维护应用程序

1. 问题的提出

能否在同一个页面上对某个表中的数据进行显示、修改、添加和删除等操作呢?

2. 解题方案

将几个 JSP 文件共同构成一个 JSP 应用程序,通过客户端对存放在服务器上 stuDB 数据库中的密码表 admins 进行显示、更改、添加或删除操作。

(1) 在 jsp7 文件夹下创建 mmb 文件夹,即 jsp7/mmb。

(2) 在 mmb 文件夹下创建如下密码表维护应用程序:

① 连接数据库的 JSP 文件 dbc.jsp;

② 密码表维护主界面的 JSP 文件 index. jsp；

③ 在主界面"添加记录"部分的 HTML 文件 adduser. htm；

④ 添加新记录到数据库的 JSP 文件 adduser. jsp；

⑤ 删除指定记录的 JSP 文件 deltuser. jsp；

⑥ "更改密码"操作界面的 JSP 文件 edituser. jsp；

⑦ 将修改的新密码数据添加到数据库的 JSP 文件 moduser. jsp。

实例 8.9　创建密码表维护应用程序主界面的 JSP 文件(index. jsp)。密码表维护应用程序的所有功能都体现在其主界面上，在该页面可以进行添加、修改、删除等操作，而其具体功能的实现交由其他 JSP 文件处理，index. jsp 的界面如图 8.9 所示。

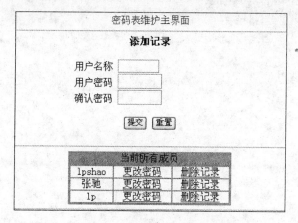

图 8.9　密码表维护主界面

解题步骤：

(1) 在 EditPlus 主窗口文件编辑区输入如下代码。

```
<%@page contentType = "text/html;charset = GB2312"%>
<%@include file = "dbc.jsp"%>

<div align = "center">
<font color = "red">密码表维护主界面</font>
</div>

<jsp:include page = "adduser.htm" flush = "true"/>
<div align = "center">
    <table bordercolor = "#999999" cellspacing = "0" cellpadding = "0" width = "50%"
border = "1">
        <tr bgcolor = "#999999">
            <td colspan = "2">
            <div align = "center">当前所有成员</div>
            </td>
        </tr>
        <tr>
<td colspan = "2">
```

```
< table cellspacing = "0" cellpadding = "0" width = "100%" align = "center" border = "1"
bordercolor = " # 999999">
< %
String sql = "SELECT * FROM admins";
ResultSet rs = s. executeQuery(sql);
 String adminname;
 while(rs. next()) {
  adminname = rs. getString(1);
  out. print("< tr >");
  out. print("< td align = center >" + adminname + "</td >");
  out. print("< td align = center >< a href = edituser. jsp user = " + adminname + ">更改密码
</a ></td >");
   if(!adminname. equals("admin"))
    {out. print("< td align = center >< a href = deltuser. jsp user = " + adminname + ">删除记
录</a ></td >");}
  else
     out. print("< td align = center >< font color = red>超级用户不能删除</font ></td >");
    out. print("</tr >");
 }
% >
</table >
</td >
</tr >
</table >
< hr >
</div >
```

（2）保存新创建的程序文件为 index. jsp。

实例 8.10　创建主界面中显示"添加记录"部分的 HTML 文件（adduser. htm）。使用本文件是为了简化 index 文件的代码，同时提供在 JSP 文件中引入 HTML 文件的方式。

解题步骤：

（1）在 EditPlus 主窗口文件编辑区输入如下代码。

```
< hr >
< div align = "center">
< strong >添加记录</strong >
< form name = "form1" method = "post" action = "adduser. jsp">
    < table cellspacing = "0" cellpadding = "0" width = "250" align = "center" border = "0">
        < tr >
        < td >用户名称
        < input class = "smallinput" size = "8" name = "name"> < br >
            用户密码 < input class = "smallinput" type = "password" size = "8" name =
"password"> < br >
            确认密码 < input class = "smallinput" type = "password" size = "8" name =
"confirm"> < br >
        </td >
        </tr >
```

```
                <tr>
                 <td>
                 <div align = "center">
                        <input class = "buttonface" type = "submit" value = "提交" name = "submit">
                        <input class = "buttonface" type = "reset" value = "重置" name = "submit2">
                 </div>
                 </td>
                 </tr>
            </table>
        </form>
    </div>
    <hr>
```

（2）保存新创建的程序文件为 adduser. htm。

实例 8.11　创建添加记录到数据库的 JSP 文件（adduser. jsp）。在主界面中添加的密码记录数据将提交给 adduser. jsp 处理。

解题步骤：

（1）在 EditPlus 主窗口文件编辑区输入如下代码。

```
<%@page contentType = "text/html;charset = GB2312" %>
<%@include file = "dbc. jsp" %>
<%
 String name = request. getParameter("name");
 String password = request. getParameter("password");
 String confirm = request. getParameter("confirm");
 String sql = "SELECT * FROM admins WHERE name = '" + name + "'";
 ResultSet rs = s. executeQuery(sql);
 out. print("<center>");
 String id = null;
 while (rs. next())
   id = rs. getString(1);
 if(name. length() == 0) {
  String errmsg = "用户名字段不可为空白!";
   out. print("<font color = green size = 5>错误信息<hr></font><font color = red>" +
errmsg + "</font><hr>");
 }
 else if(id ! = null) {
  String errmsg = "这个用户名已经有人在使用了,请换新的用户名!";
   out. print("<font color = green size = 5>错误信息<hr></font><font color = red>" +
errmsg + "</font><hr>");
 }
 else if(password. length() == 0) {
  String errmsg = "密码不可为空!";
   out. print("<font color = green size = 5>错误信息<hr></font><font color = red>" +
errmsg + "</font><hr>");
 }
 else if(!password. equals(confirm)) {
  String errmsg = "请重新确认密码!";
```

```
out. print("< font color = green size = 5 >错误信息< hr ></font >< font color = red >" +
errmsg + "</font >< hr >");
}
else {
String sql1 = "INSERT INTO admins(name, pwd) VALUES ('" + name + "', '" + password + "')";
s. executeUpdate(sql1);
response. sendRedirect("index. jsp");
}
//能刷新主界面
out. print("< input type = button value = 回上一页 onclick = history. back();>");
%>
```

（2）保存新创建的程序文件为 adduser. jsp。

本程序有验证输入数据是否为空、是否确认添加数据到数据库两个功能。程序中使用了 response 对象的重新定址方法：response. sendRedirect("index. jsp")。

 注意　添加用户名时，最好用数字和字母，而不要用汉字。

实例 8.12　创建处理主界面中"删除会员"操作的 JSP 文件(deltuser. jsp)。

解题步骤：

（1）在 EditPlus 主窗口文件编辑区输入如下代码。

```
< % @page contentType = "text/html;charset = GB2312" %>
< % @include file = "dbc. jsp" %>
< %
String deluser = request. getParameter("user");
String sql = "DELETE FROM admins WHERE name = '" + deluser + "'";
s. executeUpdate(sql);
response. sendRedirect("index. jsp");
out. print("< input type = button value = 回上一页 onclick = history. back();>");
%>
```

（2）保存新创建的程序文件为 deltuser. jsp。

本程序中，"user"是在单击"删除用户"链接时传递过来的数据；执行删除的 sql 语句使用了更新数据的 executeUpdate 方法：

```
s. executeUpdate(sql);
```

实例 8.13　创建处理"更改密码"操作的 JSP 文件(edituser. jsp)。

解题步骤：

（1）在 EditPlus 主窗口文件编辑区输入如下代码。

```
< % @page contentType = "text/html;charset = GB2312" %>
< % String name = request. getParameter("user"); %>
< div align = "center">
    < hr >< center >更改用户密码
    < form name = "form1" method = "post" action = "moduser. jsp">
        < table cellspacing = "0" cellpadding = "0" width = "250" align = "center" border = "0">
            < tr >< td >
```

```
                用户名称
                    < input class = "smallInput" size = "8" readonly name = "name" value = "<% =
name%>">
                <br>
                    用户密码< input type = "password" size = "8" name = "password">
                <br>
                    确认密码< input type = "password" size = "8" name = "confirm">
                <br><br><br></td>
                </tr>
                <tr><td><div align = "center">
                        < input type = "submit" value = "确认" name = "Submit">
                        < input type = "reset" value = "复位" name = "Submit2">
                <br><br></div>
                    </td>
                </tr>
            </table>
        </form>
    </center>
</div>
```

（2）保存新创建的程序文件为 edituser. jsp。

（3）edituser. jsp 程序提供了一个更改用户密码的
窗口页面，如图 8.10 所示。其中"用户名称"是在主界面
由用户指定的。

实例 8.14 创建将新密码数据添加到数据库中的
JSP 文件（moduser. jsp）。

解题步骤：

（1）在 EditPlus 主窗口文件编辑区输入如下代码。

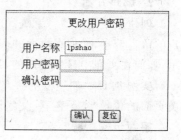

图 8.10 更改用户密码界面

```
<% @page contentType = "text/html;charset = GB2312" %>
<% @include file = "dbc. jsp" %>
<%
 String name = request. getParameter("name");
 String password = request. getParameter("password");
 String confirm = request. getParameter("confirm");
 if(password. length() == 0) {
  String errmsg = "密码不可为空！";
  out. print("< font color = green size = 5 >错误信息< hr ></font >< font color = red >" +
errmsg + "</font ><hr>");
 }
 else if(!password. equals(confirm)) {
  String errmsg = "请重新确认密码！";
  out. print("< font color = green size = 5 >错误信息< hr ></font >< font color = red >" +
errmsg + "</font ><hr>");
 }
 else {
  String sql = "UPDATE admins SET pwd = '" + password + "' WHERE name = '" + name + "'";
```

```
    s.executeUpdate(sql);
    response.sendRedirect("index.jsp");
}
out.print("< input type = button value = 回上一页 onclick = history.back();>");
%>
```

（2）保存新创建的程序文件为 moduser.jsp。

3. 归纳分析

这几个程序虽然简单，但包含了处理的数据库添加、查询、修改、删除等操作的主要方法，参考其方式可以解决一般数据库处理的问题。

在程序中 JSP 代码与 HTML 代码的混合使用方式也要好好体会。

8.3.2 创建用户留言系统应用程序

1. 问题的提出

能否用 JSP 文件在网站上创建一个用户留言系统，用来了解用户意见呢？

2. 解题方案

创建一组用户留言系统的应用程序，用于了解如何保存用户的留言信息，如何显示用户的留言信息，如何在页面的表格中显示图标图片，如何按留言的时间对留言信息排序显示，如何在页面中显示用户的 IP 地址、用户的 E-mail 地址、用户的 QQ 号码等。

实例 8.15 创建公用的 CSS 文件（lyb.css），用于确定风格统一的用户留言系统相关页面的背景、主题色彩、文字属性、链接、位置、颜色等内容。

解题步骤：

（1）在 EditPlus 主窗口文件编辑区输入如下代码。

```
.bg {
    background - color: #000000;
    list - style - type: square;
}
body {background - color: #eff3ff;font - size: 12px;
scrollbar - 3dlight - color: #4f81ca;
scrollbar - arrow - color: #ffffff;
scrollbar - track - color: #4f81ca;
scrollbar - base - color: #4f81ca;
}
td {
    font - size: 9pt; line - height: 135 %; font - family: "宋体", "verdana", "arial",
"helvetica", "sans - serif"
}
a {
    font - size: 9pt; line - height: 135 %; font - family: "宋体", "verdana", "arial",
"helvetica", "sans - serif"
}
input {
```

```
        background - color: #ffffff; border - bottom: #4f81ca 1px solid; border - left: #
4f81ca 1px solid; border - right: #4f81ca 1px solid; border - top: #4f81ca 1px solid; font -
size: 9pt;color:#000080
}
select {
        font - size: 9pt; font - family: "宋体", "verdana", "arial", "helvetica", "sans - serif"
}
textarea {
        font - size: 9pt; font - family: "宋体", "verdana", "arial", "helvetica", "sans - serif"
}
option {
        font - size: 9pt; font - family: "宋体", "verdana", "arial", "helvetica", "sans - serif"
}

a:link {
        color: #003303; text - decoration: none
}
a:hover {
        color: #0066ff; text - decoration: underline
}
a:visited {
        text - decoration: none; color: #003303
}
```

（2）保存新创建的程序文件为 lyb. css。

实例 8.16 创建共用的 JavaBean 程序文件 Bean. java 和 PageCt. java。Bean. java 程序的功能之一是通过 ex_chinese(string str)方法定义给定的中文输出格式为 gb2312（简体中文）；功能之二是通过 gettime()方法得到当前时间,其中使用了得到当前时间的 java. util. Date()类。PageCt. java 程序的功能是定义 JSP 页面一页显示 10 条记录、得到当前页数、下一页、上一页、总记录数、总页数等方法。

解题步骤:

（1）在 EditPlus 主窗口文件编辑区输入如下代码。

```
package lyb;
import java.text. * ;
public class bean {

  public bean() {   }

  public String ex_chinese(String str){
      if(str == null){ str   = "" ; }
      else{
          try {
          str = new String(str.getBytes("iso - 8859 - 1"),"gb2312") ;
          }
          catch (Exception ex) {   }
      }
```

```
        return str ;
    }

    public String gettime() {
        String strCurrentDate = "";
        try {
        java.util.Date date = new java.util.Date();
        SimpleDateFormat strDate = new SimpleDateFormat("yyyy - MM - dd HH:mm:ss");
        strCurrentDate = strDate.format(date);
        }
        catch (Exception ex) {       }
        return strCurrentDate ;
    }
}
```

(2) 保存新创建的程序文件为 Bean. java，编译为 Bean. class。

(3) 在 EditPlus 主窗口文件编辑区输入如下代码。

```
package lyb;
public class PageCt{
    private long l_start;       //开始记录
    private long l_end;         //结束记录
    private long l_curpage;     //当前页数
    private long l_totalnum;    //总记录数
    private int int_num = 10;   //每页 10 条
    private long l_totalpage;   //总页数

    public void Init(long currentpage, long totalnum)   {
        l_curpage = currentpage;
        l_totalnum = totalnum;

        if (currentpage > = 0)   {
            if (currentpage > = (long)Math.ceil((double)l_totalnum/(double)int_num))
                l_curpage = (long)Math.floor((double)l_totalnum/(double)int_num);
            else
                l_curpage = currentpage;
        }
        else{ l_curpage = 0;   }
        l_start = l_curpage * int_num;
        l_end   = l_start + int_num;
        if (l_end > l_totalnum)
        l_end = l_totalnum;
        l_totalpage = (long)Math.ceil((double)l_totalnum/(double)int_num);
    }

    public long getCurpage()    {   return l_curpage;     }
    public long getPrepage()    {
            if (l_curpage - 1 > = 0)    {   return l_curpage - 1;    }
            else { return 0; }
```

```
    }
    public long getNextpage()      {
        if (l_curpage + 1 < = l_totalpage)  { return l_curpage + 1; }
        else{ return l_totalpage; }
    }
    public long getTotalnum()      { return l_totalnum; }
    public long getTotalpage()      {return l_totalpage;       }
    public long getStart()          { return l_start;       }
    public long getEnd()          {  return l_end; }
}
```

（4）保存新创建的程序文件为 PageCt.java，编译为 PageCt.class。

 　存放 JavaBean 到 Tomcat 的根目录/ROOT 下，例如，将 bean.class、PageCt.class 文件存放在 C:/Tomcat/webapps/ROOT/WEB-INF/classes/lyb/文件夹中。如果已经设置好虚拟目录，可存放在虚拟目录下的 WEB-INF/classes/路径下，例如，C:/wzkf/WEB-INF/classes/lyb 文件夹中。要注意，classes/下子文件夹的名字要与程序中定义的类包名字相同。

实例 8.17　创建显示当前日期功能的程序文件 week.js。其功能是将当前日期插入到任意页面文件中，在页面上显示当前年、月、日、星期几的数据信息。

解题步骤：

（1）在 EditPlus 主窗口文件编辑区输入如下代码。

```
var day = "";
var month = "";
var ampm = "";
var ampmhour = "";
var myweekday = "";
var year = "";
mydate = new Date();
myweekday = mydate.getDay();
mymonth = mydate.getMonth() + 1;
myday =  mydate.getDate();
myyear =  mydate.getYear();
year = (myyear > 100) myyear : 2000 +  myyear;
if(myweekday == 0)
weekday = " 星期天 ";
else if(myweekday ==  1)
weekday = " 星期一 ";
else if(myweekday == 2)
weekday = " 星期二 ";
else if(myweekday == 3)
weekday = " 星期三";
else if(myweekday == 4)
weekday = " 星期四 ";
```

```
else if(myweekday == 5)
weekday = " 星期五 ";
else if(myweekday == 6)
weekday = " 星期六 ";
document.write(year + " - " + mymonth + " - " + myday + weekday);
```

(2) 保存新创建的程序文件为 week.js。

实例 8.18　创建 questionnaire 数据库与 lyb 表文件,用于存放用户在留言板上输入的数据。

解题步骤:

(1) 在 Access 数据库中创建一个数据库 questionnaire。

(2) 在 questionnaire 中创建 lyb 表,lyb 的物理结构如图 8.11 所示。

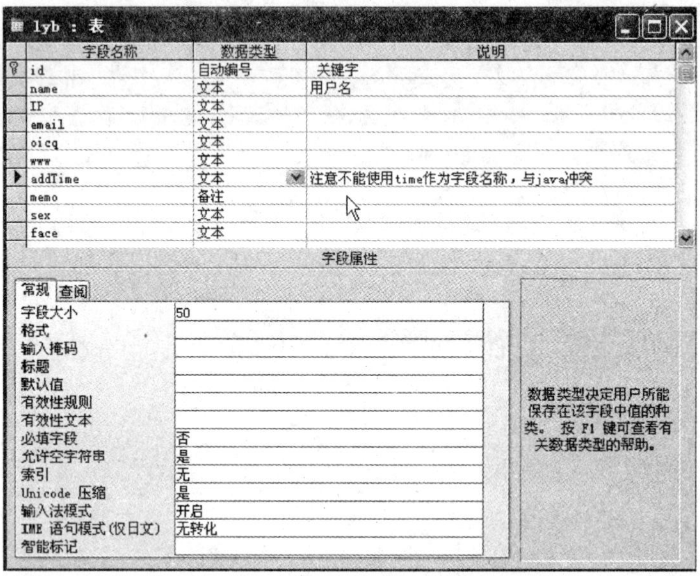

图 8.11　lyb 的物理结构

实例 8.19　创建连接数据库的 JSP 程序文件(opendata.jsp)。其功能是连接 questionnaire 数据库文件,为 JSP 文件能够使用数据库中的数据铺平道路。注意先创建连接数据库 questionnaire 的数据源 jsp。

解题步骤:

(1) 在 EditPlus 主窗口文件编辑区输入如下代码。

```
<% @ page import = "java.sql. * " %>
<%
Class.forName("sun.jdbc.odbc.JdbcOdbcDriver");
String url = "jdbc:odbc:jsp";
Connection c = DriverManager.getConnection(url);
 Statement s = (Statement)c.createStatement();
PreparedStatement ps;
```

```
ResultSet rs;
String sql;
%>
```

（2）保存新创建的程序文件为 opendata. jsp。

实例 8.20　创建用户留言系统主页的 JSP 程序文件(lyb-index. jsp)。用户留言主页是进入用户留言模块看到的页面，主要用来显示用户的留言。留言页面按留言的时间降序显示留言的内容，在页面下方可以看到留言的总页数、当前页数，输入页数可以查找该页留言，按"上页"/"下页"按钮可以翻页，每个页面只显示 10 条留言记录。

在主页上提供了用户发布留言的接口"我要留言"超链接，单击这个超链接可进入用户留言发布页面。

解题步骤:

（1）在 EditPlus 主窗口文件编辑区输入如下代码。

```
< % @ page contentType = "text/html; charset = gb2312" language = "java" import = "java.sql.
* " errorPage = "" % >
< % @ include file = "opendata. jsp" % >


< html >
< head >
< title >用户留言系统 Version2.0 </title >
< link href = "lyb. css" rel = "stylesheet" type = "text/css" >
< jsp:useBean id = "PageCt" scope = "page" class = "lyb. PageCt"/>
</head >
< body >
< table cellSpacing = 1 cellPadding = 3 width = 98 % align = center background = "images/top_
line. gif" border = 0 >
  < tr align = middle >
    < td width = "20 % " align = "left" nowrap >
      < font color = #78b3f9 >   
      < script src = "week. js" language = "JavaScript" type = "text/javascript" >
      </script >
      </font >
    </td >
    < td width = "20 % " nowrap >
      < div id = "Layer1" style = "position:absolute; width:198px; height:62px; z - index:1;
left: 189px; top: 42px;" >
      < img src = "images/logo6gif. gif" width = "630" height = "68" border = "0" >
      </div >
    </td >
    < td width = "20 % " nowrap >
    </td >
    < td width = "20 % " nowrap >  
    </td >
    < td width = "20 % " nowrap >
    </td >
  </tr >
```

```
</table>
<table height = 76 cellspacing = 0 cellpadding = 0 width = 98 % align = center background = "
images/bottom_line.jpg"  border = 0 >
  <tr>
    <td>
    <table height = 72 cellspacing = 0 cellpadding = 0 width = "99 %" align = center bgcolor
= # ffffff border = 0 >
        <tr>
          <td width = "163" align = "center">
          <img src = "images/login.gif" border = 0 width = "154" height = "60">
          </td>
          <td width = "476" align = right>
          </td>
          <td align = center width = 123 >
            <table width = "90 %" border = 0 cellPadding = 1 cellSpacing = 0 >
              <tr vAlign = center align = middle >
                <td width = "30 %">
                <img height = 16   src = "images/homepage.gif" width = 16 >
                </td>
                <td width = "70 %">
                <a href = ".../main.jsp">网站主页</a>
                </td>
              </tr>
              <tr vAlign = center align = middle >
              </tr>
              <td>  </td>
              <td>  </td>
              <tr vAlign = center align = middle >
                <td>
                <img height = 16 src = "images/Favorites.gif" width = 16 >
                </td>
                <td>
                <a href = ".../user.jsp">用户天地</a>
                </td>
              </tr>
            </table>
            </td>
        </tr>
    </table>
    </td>
  </tr>
</table>
<table width = "98 %" align = "center" cellpadding = "0" cellspacing = "0" background =
"images/index - t.gif">
  <tr>
    <td width = "5 %" align = "left">
    </td>
    <td height = "22" align = "left">
    <a href = "say.jsp">我要留言</a>
```

```html
      </td>
      < form action = "lyb - index1. jsp" name = "f" method = "post">
      < td height = "22" align = "rigth">
      < input type = "text" name = "keyword" value = "">
      < input type = "submit" name = "搜索">
      </td>
      </form >
  </tr >
</table >

< table width = "98 %" border = "0" align = "center" cellpadding = "0" cellspacing = "0">
  < tr >
      < td height = "3">
      </td >
  </tr >
</table >
< table width = "98 %" border = "0" align = "center" cellpadding = "0" cellspacing = "0"
bgcolor = "♯4f81ca">
  < tr >
      < td >< table width = "100 %" border = "0" align = "center" cellpadding = "1" cellspacing = "1">

<%
//查找数据库中的留言记录数
ResultSet rs0 = null;
rs0 = s. executeQuery("select count( * ) from lyb");
rs0. next();
long data_num = rs0. getLong(1);
long Current_Page = 0;
String currentpage = (String)request. getParameter("currentpage");
if (currentpage ! = null && !currentpage. equals(""))
{
  Current_Page = Integer. parseInt(request. getParameter("currentpage"));
}
String Query_Page = (String)request. getParameter("Query_Page");
if (Query_Page! = null && !Query_Page. equals(""))
{
  Current_Page = Integer. parseInt(request. getParameter("Query_Page")) - 1;
}
PageCt. Init(Current_Page, data_num);
long l_start = PageCt. getStart();
long l_end = PageCt. getEnd();

//查询记录
rs = s. executeQuery("SELECT * FROM lyb ORDER BY id DESC");
long i = 0;
while((i < l_start) && rs. next()){ i++;
}
//输出查询结果
long j = 0;
```

```
while(rs.next() && (i<l_end))
{   j=i+1;
 %>
            <tr<% if((i%2)! =0){ %> bgcolor = " #78b3f9"<% }else{ %> bgcolor = " #BEDAFC"
<% } %>>
                <td width = "20%" align = "center" >
                留言人:<% = rs.getString("name") %>
                <img src = "<% = rs.getString("sex") %>" border = "0">
                </td>
                <td>
                  <table width = "100%" border = "0" cellpadding = "0" cellspacing = "0">
                   <tr align = "left" <% if((i%2)! =0){ %> bgcolor = " #78b3f9"<% }else{ %>
bgcolor = " #BEDAFC"<% } %>>
                        <td width = "25%">
                        <a href = "<% = rs.getString("www") %>">
                        <img src = "images/HOME. gif" alt = "个人主页" width = "16" height = "16"
border = "0" align = "absmiddle">
                        </a>个人主页
                        </td>
                        <td width = "25%">
                         <img src = "images/ip. gif" alt = "" width = "13" height = "15" align =
"absmiddle">
                        IP:<% = rs.getString("IP") %>
                        </td>
                        <td width = "25%">
                        <a href = "mailto:<% = rs.getString("email") %>">
                         <img src = "images/EMAIL. gif" alt = "留言人 E-Mail" width = "16" height =
"16" border = "0" align = "absmiddle">
                        </a>E-Mail
                        </td>
                        <td width = "25%">
                        <img src = "images/oicq. gif" alt = "" width = "16" height = "16" align = "
absmiddle">
                        QQ:<% = rs.getString("oicq") %>
                        </td>
                    </tr>
                  </table>
            </td>
            </tr>
            <tr<% if((i%2)! =0){ %> bgcolor = " #78b3f9"<% }else{ %> bgcolor = " #BEDAFC"
<% } %>>
                <td width = "20%" align = "center">
                <img src = "<% = rs.getString("face") %>" border = "0">
                </td>
                <td><% = rs.getString("memo") %>
                </td>
            </tr>
            <tr<% if((i%2)! =0){ %> bgcolor = " #78b3f9"<% }else{ %> bgcolor = " #BEDAFC"
<% } %>>
```

```
                    <td width = "20%" align = "center">时间: <% = rs. getString("addTime")%>
                    </td>
                    <td>
                    </td>
                </tr>
                <tr>
                    <td colspan = "2" align = "center" bgcolor = "#ffffff">
                    <hr size = "1" color = "#000080" width = "100%">
                    </td>
                </tr>
                <%
                i++;
                }%>
                <tr align = "right" valign = "top">
                <form method = GET action = lyb - index. jsp>
                    <td colspan = "2" bgcolor = "#FFFFFF">
                    共 <% = PageCt. getTotalnum()%> 条 <% = PageCt. getCurpage() + 1%>/<% =
PageCt. getTotalpage()%>
                    页 查看第
                    <input type = text name = Query_Page size = 3>
                    页 <a href = lyb - index. jsp currentpage = <% = PageCt. getPrepage()%>>上页
                    </a>
                    <a href = lyb - index. jsp currentpage = <% = PageCt. getNextpage()%>>下页
                    </a>    
                    </td>
                </form>
                </tr>
            </table>
            </td>
    </tr>
</table>
<! ---->



<table width = "98%" border = "0" align = "center" cellpadding = "2" cellspacing = "2"
background = "images/bottom_line. gif">
    <tr>
        <td width = "27%"> </td>
        <td width = "73%"> </td>
    </tr>
    <tr>
        <td> </td>
        <td>建议 800 * 600 IE5.5 以上(推荐 6.0)
</td>
    </tr>
    <tr>
        <td> </td>
        <td> </td>
    </tr>
</table>
</body>
</html>
```

（2）保存新创建的程序文件为 lyb-index.jsp。

（3）在浏览器地址栏输入 http://localhost:8080/jsp7/lyb/lyb-index.jsp，页面程序运行结果如图 8.12 所示。

图 8.12　用户留言主页

实例 8.21　创建发布用户留言页面的 JSP 程序文件（say.jsp）。在用户留言系统主页单击"我要留言"链接可进入 say.jsp 发布留言页面，该页面的功能是让用户输入留言内容、输入或选择用户的信息。

解题步骤：

（1）在 EditPlus 主窗口文件编辑区输入如下代码。

```
<%@ page contentType = "text/html; charset = gb2312" language = "java" import = "java.sql.
*" errorPage = "" %>
<html>
<link href = "lyb.css" rel = "stylesheet" type = "text/css">
<body leftmargin = "0" topmargin = "0" marginwidth = "0" marginheight = "0">
<table height = 76 cellSpacing = 0 cellPadding = 0 width = 821 align = center background =
"images/bottom_line.jpg" border = 0>
  <tr>
    <td width = "821">
```

```
     < table height = 72 cellSpacing = 0 cellPadding = 0 width = "99 % " align = center bgColor =
# ffffff border = 0 >
        < tr >
          < td width = "163" align = "center">
           < img src = "images/logo6gif. gif"  border = 0 width = "560" height = "66">
          </td>
          < td width = "4" align = right >
          </td>
          < td align = center width = 125 >
          < table width = "90 % " border = 0 cellPadding = 1 cellSpacing = 0 >
             < tr vAlign = center align = middle >
               < td >
               < img height = 16 src = "images/homepage. gif"  width = 16 >
               </td>
               < td >
               < a href = ".../main. jsp">   网站主页</a>
               </td>
             </tr >
             < tr vAlign = center align = middle >
             < td ></td>
             < td ></td>
             </tr >
             < tr vAlign = center align = middle >
               < td >
               < img height = 16   src = "images/Favorites. gif"  width = 16 >
               </td>
               < td >  
               < a href = ".../user. jsp">  会员天地主页</a>
               </td>
             </tr >
          </table >
          </td>
        </tr >
      </table >
      </td>
      </tr >
     </table >
     </td>
  </tr >
</table >
< table width = "820" align = "center" cellpadding = "0" cellspacing = "0" background =
"images/index - t. gif">
  < tr >
  < td width = "45" align = "left">
  </td>
    < td height = "22" align = "left" width = "775">
```

```
    < b > < a href = "lyb - index. jsp">去看留言</a>
    </b>
    </td>
  </tr>
</table>
< table width = "815" border = "0" align = "center" cellpadding = "1" cellspacing = "1"
bordercolor = "4f81ca" bgcolor = "4f81ca">
  < tr >
    < td width = "811">
    < table width = "100 % " border = "0" align = "center" cellpadding = "1" cellspacing = "1">
      < form name = "form" action = "saysucc. jsp" method = "post">
        < tr bgcolor = " # FFFFFF">
          < td width = "40 % " align = "right">用户名:
          </td>
          < td width = "50 % ">
          < input type = "text" name = "name" size = "20">
          </td>
        </tr>
        < tr bgcolor = " # FFFFFF">
          < td align = "right">性别:
          </td>
          < td >
          < input type = radio CHECKED value = images/Male. gif name = sex>
           < img   src = images/Male. gif width = "23" height = "21">
            男孩     
          < input type = radio value = images/Female. gif name = sex>
           < img   src = images/Female. gif width = "23" height = "21">
           < font >女孩</font >
           </td >
        </tr>
        < tr bgcolor = " # FFFFFF">
          < td width = "40 % " align = "right">个人主页地址:
          </td>
          < td width = "50 % ">
          < input type = "text" name = "www" size = "20">
          </td>
        </tr>
        < tr bgcolor = " # FFFFFF">
          < td width = "40 % " align = "right">电子邮件地址:
          </td>
          < td width = "50 % ">
          < input type = "text" name = "email" size = "20">
          </td>
        </tr>
        < tr bgcolor = " # FFFFFF">
          < td align = "right">你的 OICQ 号:</td>
```

```
        <td><input type="text" name="oicq" size="20">
        </td>
    </tr>
    <tr bgcolor="#FFFFFF">
        <td align="right">选择留言使用的头像：
        </td>
        <td>
        <select name=face size=1 onChange="document.images['face'].src=options
[selectedIndex].value;" style="BACKGROUND-COLOR:#99CCFF; BORDER-BOTTOM: 1px double;
BORDER-LEFT: 1px double; BORDER-RIGHT: 1px double; BORDER-TOP: 1px double; COLOR: #000000">
            <option value="images/image1.gif" selected>image1.gif</option>
            <option value="images/image2.gif">image2.gif</option>
            <option value="images/image3.gif">image3.gif</option>
            <option value="images/image4.gif">image4.gif</option>
            <option value="images/image5.gif">image5.gif</option>
            <option value="images/image6.gif">image6.gif</option>
            <option value="images/image7.gif">image7.gif</option>
            <option value="images/image8.gif">image8.gif</option>
            <option value="images/image9.gif">image9.gif</option>
            <option value="images/image10.gif">image10.gif</option>
            </select>  
            <img src=images/image1.gif width="32" height="32" id=face>  
        </td>
    </tr>
    <tr bgcolor="#FFFFFF">
        <td align="right">在这里写留言内容：</td>
        <td>
        <textarea name="memo" cols="50" rows="10">
        </textarea></td>
    </tr>
    <tr bgcolor="#FFFFFF">
        <td align="right">
        <input type="submit" name="Submit" value="提交">
        </td>
        <td>
        <input type="reset" name="Submit2" value="重置">
        </td>
    </tr>
  </form>
  </table>
  </td>
  </tr>
</table>
</body>
</html>
```

（2）保存新创建的程序文件为 say.jsp。

（3）在用户留言系统主页单击"我要留言"链接可进入 say.jsp 发布留言页面，如图 8.13 所示。

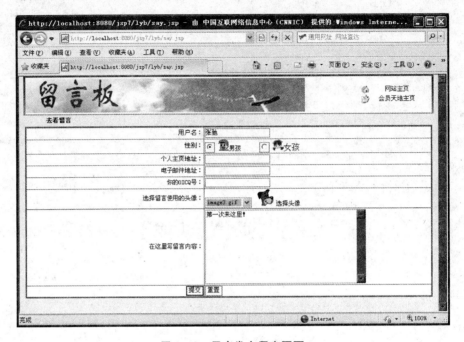

图 8.13   用户发布留言页面

实例 8.22   创建保存用户留言与显示留言成功页面的 JSP 程序文件（saysucc.jsp）。在发布用户留言页面输入完毕并单击"提交"按钮后，用户输入的数据将提交给保存数据程序 saysucc.jsp。保存数据程序的功能是将用户输入的留言数据保存到数据库的 lyb 表中，然后显示留言成功信息，并提供一个查看留言（返回留言主页）的接口。

解题步骤：

（1）在 EditPlus 主窗口文件编辑区输入如下代码。

```
<%@ page language = "java" contentType = "text/html;charset = gb2312" errorPage = "" %>
<%@ page import = "java.sql. * " %>
<%@ include file = "opendata.jsp" %>

<html>
<head>
<link href = "lyb.css" rel = "stylesheet" type = "text/css">
<jsp:useBean id = "bean" scope = "page" class = "lyb.bean" />
</head>
<body leftmargin = "0" topmargin = "0" marginwidth = "0" marginheight = "0">
<script src = "week.js" language = "JavaScript" type = "text/javascript">
</script>
<img src = "images/logo6gif.gif" width = "160" height = "35" border = "0">
<img src = "images/homepage.gif"   width = 16 height = 16 >
```

```
< a href = "…/main. jsp">网站主页</a>
< img height = 16　src = "images/Favorites. gif" width = 16 >
< a href = "…/user. jsp">会员天地</a>
< p >

< %
String IP = request. getRemoteAddr();
String username1 = request. getParameter("name");
String username = bean. ex_chinese(username1);
String www = request. getParameter("www");
String oicq = request. getParameter("oicq");
String email = request. getParameter("email");
String memo =  new String (request. getParameter("memo"). getBytes("8859_1"));
String sex = request. getParameter("sex");
String face = request. getParameter("face");
username = username. trim();
www = www. trim();
oicq = oicq. trim();
email = email. trim();
String dd = bean. gettime();

sql = " INSERT INTO lyb(name, IP, email, oicq, www, addTime, memo, sex, face) VALUES ( '" +
username + "','" + IP + "','"+ email + "','" + oicq + "','" + www + "','" + dd + "','" + memo + "','" +
sex + "','" + face + "')";
s. executeUpdate(sql);
try {
    s. close();
    c. close();
}
catch (Exception ex) { }
% >
< br >
< % = username %>你好!你写的留言已经成功录入,
< a href = "lyb - index. jsp">
< font color = "♯FF0000">可以返回用户留言主页
</font >
</a>查看你的留言.
</p >
</body >
</html >
```

（2）保存新创建的程序文件为 saysucc. jsp。

（3）留言成功后显示的 saysucc. jsp 页面如图 8.14 所示。

（4）到主页的接口。在保存用户留言与显示留言成功页面 saysucc. jsp 上单击"可以返回用户留言主页"超链接,将返回主页。在用户留言主页可以看到刚刚输入的留言内容,如图 8.15 所示。

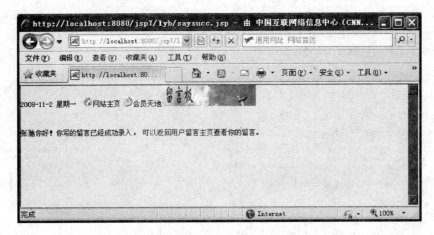

图 8.14　保存用户留言信息及显示留言成功页面

图 8.15　新的留言页面

3. 归纳分析

（1）使用数据库保存图片存放路径

使用数据库可以存放图片路径，以便显示图片。例如，在 lyb 表中 sex 字段存放了用户选择的性别，如果是女，将在 sex 字段保存 images/Male. gif 的数据值；如果是男，将在 sex 字段保存 images/Female. gif 的数据值（当然，先要有相应存放图片的文件夹及图片文件）。在 lyb 表中 face 字段存放了用户选择的头像的路径，如 images/image1. gif。通过这种方式可以展示多种产品的图片。

（2）使用 JavaBean 方法解决在页面上输入简体中文和保存中文到数据库问题

在 Bean. java 程序中定义了 ex_chinese(string str)方法，它可以将页面中输入的简体

中文数据按 gb2312(简体中文)格式保存到数据库。例如,使用 bean. ex_chinese
(username1)可以将中文用户名正确保存到数据库中。

(3) JavaScript

本应用程序中使用了 JavaScript。它是 Java 的子集,具有 Java 语言的基本语句,有
Java 语言的基本特性,是由对象、对象属性和对象方法(函数)构成的,是一种基于对象和
事件驱动、具有安全性的脚本语言。其主要特点是比 Java 语言容易理解,能与 HTML 语
言一起完成显示页面信息的任务。

使用 JavaScript 脚本语言,可使 HTML 网页具有简单的动态性和计算功能。
JavaScript 可以嵌入 HTML 文档中与超文本标识语言一起显示页面信息,实现在页面中
与用户交互的功能,用于开发能在客户端完成的 Web 应用程序。如果要深入了解
JavaScript 脚本语言,可以参考相关方面的教材。

(4) CSS

本应用程序中使用了 CSS 文件。CSS 是 Cascading Style Sheets(层叠样式表)的缩
写,通常简称为样式表。顾名思义,它是一种设计样式的技术。

在编写 JSP、HTML 页面文件时使用 CSS 技术,可以有效地设置页面的布局、字体、
颜色、背景和其他效果,从而对所有页面进行更加精确的控制与统一管理。描述样式表的
CSS 代码可以嵌入 HTML 文档中,使用浏览器解释执行。CSS 语句的格式与 HTML 语句
的格式基本相同,非常容易使用。如果要深入了解 CSS 技术,可以参考相关方面的教材。

8.4 总结提高

8.4.1 连接 Access 数据库的不同方式

1. 连接带有用户名和密码的数据库

为了数据库的安全,可在 Access 数据库中设置用户名和密码,例如设置用户名为
"lpshao"、密码为"123456",数据源为 jsp。然后可使用下面的程序与数据源进行连接。

实例 8.23 与 Access 数据库连接的程序(jdbc-access1.jsp)。

```
<%@ page import = "java.sql. * " %>
<% Class.forName("sun.jdbc.odbc.JdbcOdbcDriver");
Connection c = DriverManager.getConnection("jdbc:odbc:jsp","lpshao","123456");
%>
```

2. 直接连接数据库的方式

没有设置数据源,可以采用直接与数据库建立连接的方式,看下面的程序。

实例 8.24 与 Access 数据库直接连接的程序(jdbc-access2.jsp)。

```
<%@ page import = "java.sql. * " %>
<%
```

```
try  { Class.forName("sun.jdbc.odbc.JdbcOdbcDriver"); }
catch(ClassNotFoundException e1)  { e1.printStackTrace(); }
String url = "jdbc:odbc:driver = {Microsoft Access Driver ( * .mdb)};DBQ = C://WZKF// jsp7//
DBA \\ 数据库名.mdb";
Connection c = DriverManager.getConnection(url);
%>
```

8.4.2 在 JSP 文档中插入其他文件的方式

1. 插入 JavaScript 代码文件.js

在 HTML 文档和 JSP 文档中如果要使用 js 文件（文件格式为 JScript 的文件），可以使用下面的代码。

```
< script src = " * .js" language = "JavaScript" type = "text/javascript"></script>
```

注意　　JS 文件中不能有< script> < /script> 或其他注释语句。

另外，如果直接在 HTML 文件和 JSP 文件中插入 JavaScript 脚本代码，要以<script language＝"javascript">开始，以</script>作为结束标记。

2. 插入 CSS 文件

如果要在 HTML 文件和 JSP 文件中使用 CSS 文件，可以使用下面的代码。

```
< link rel = stylesheet href = " * .css" type = "text/css">
    ...
```

<link>标记的属性 rel＝stylesheet 用于说明连接的元素是一个样式表（stylesheet）文件，属性 href＝"样式表文件名.css"用于指定 CSS 文件的名称与路径。

3. 插入 JSP 文件

在 JSP 文件中插入内容基本不变的 JSP 文件，可以使用下面的代码。

```
< % @ include file = " * .jsp" %>
```

插入内容经常变的 JSP 文件，可以使用下面的代码。

```
< jsp:include page = " * .jsp " flush = "true"/>
```

以同样的方式，可以插入 HTML 文件。

4. 插入 JavaBean

在 JSP 文件中插入 JavaBean，可以使用下面的代码。

```
< jsp:useBean id = "name" class = "package.class" scope = " scope "/>
```

5. 插入 applet

在 JSP 文件中插入 applet，可以使用下面的代码。

```
< jsp:plugin type = "applet" code = "java 文件名.class" height = "高度" width = "宽度" >
< jsp:params >
< jsp:param name = "属性名"　value = "属性值"/>
< jsp:param name = "属性名"　value = "属性值"/>
</jsp:params >
< jsp:fallback >无法加载 Applet </jsp:fallback >
</jsp:plugin >
```

8.5　思考与练习

8.5.1　思考题

1. 什么是 SQL？
2. SQL 与 JSP 存在什么关系？
3. JSP 如何访问不同数据库中的数据？

8.5.2　上机练习

1. 安装 Access 数据库。

2. 在 Access 数据库中建立一个库存管理数据库文件 kcgl. mdb，并创建订单表 DD（ddh（订单号），hh（货号），pm（品名），dw（订货单位），sj（售价），dgl（订购量），dd（送货地点），rq（送货日期），zt（订单处理状态））和库存表 KC（货号，品名，库存量，仓库地点，单价）。

3. 根据上面所创建的数据库 kcgl，编写 SQL 语句查询下列问题：

（1）查询所有订单。

（2）10 日内要送货的货物名称、送货地点和送货时间。

（3）北京光明公司所订货物的名称和送货地点。

（4）售价最高的货物。

（5）订购量超过 2000 件的单位名称。

4. 在计算机中使用 Windows 操作系统的 ODBC 创建一个连接数据库文件 kcgl. mdb 的名称为 kcglDB 的数据源。

5. 编写一个用于连接库存管理数据库 kcgl 的 jdbc-kcgl. jsp 文件。

6. 使用 JSP 技术编写一个订货单处理系统，可以实现以下功能。

（1）输入订单功能页面。通过一个静态表单页面输入订货信息，然后通过一个 JSP 程序将订货信息存放到数据库 kcgl 的订单表 DD 中。

（2）使用 JSP 技术编写一个能显示所有订货单的页面。

（3）使用 JSP 技术编写一个按订单号查询订货单的页面。用户可以在该页面上输入订单号,提交后显示对应该订单号的货物名称、订购量和送货地点。

(4) 使用 JSP 技术编写一个按订单日期查询显示相应订货单的页面。在该页面上可以选择"订单日期"的范围,然后按日期范围查询并显示订单号、货物名称、订购量和送货地点。

7. 使用 JSP 技术编写一个输入和显示新闻的处理系统,可以实现以下功能。

(1) 一个显示新闻的标题、发布时间和主要内容的页面。

(2) 一个输入新闻的标题、发布时间和主要内容的页面(提交到显示页面并刷新页面)。

(3) 在新闻的主要内容中包含一个超链接到全部新闻页面(HTML 文件)。

HTML 常用标记

要编写网页,需要了解 HTML 语言,即超文本标记语言,因为它是编写网页的基础。HTML 语言由一些标记码、字母和文字组成,以普通的文本文件格式保存,可以用所熟悉的任何文字编辑器来编辑。通过超文本标记语言(HTML)中简单的标记码,在浏览器中可以显示包含文本、图像、声音、视频等元素的声、图、文并茂的页面,并且通过超链接标记码可以实现当前页面到其他任何 Web 页面的超链接。

下面所列举的标记只是最基本的一些 HTML 标记,通过 HTML 的最新版本可以了解最新最全的标记。

1. 基本标记

<html></html>：指定 HTML 文档开始与结束的标记

<head></head>：指定文档标题的标记

<body></body>：指定 HTML 文档基本内容的标记

<title></title>：指定在浏览器标题栏中显示文档标题的标记

<body bgcolor=#>：指定 HTML 文档背景颜色标记,使用颜色的英文单词或十六进制值代码

<body text=#>：指定文本文字颜色,使用颜色的英文单词或十六进制值代码

<body link=#>：指定链接颜色,使用颜色的英文单词或十六进制值代码

<body vlink=#>：指定已链接过的链接颜色,使用颜色的英文单词或十六进制值代码

<body alink=#>：指定活动链接颜色,使用颜色的英文单词或十六进制值代码

2. 文本格式标记

<pre></pre>：指定文本内容为预格式化文本

<h1></h1>：指定文本为最大号标题文字

<h6></h6>：指定文本为最小号标题文字

<b></b>：指定文本为黑体字

<i></i>：指定文本为斜体字

<tt></tt>：指定文本为打字机风格的字体
<cite></cite>：定义一个引用，通常是斜体
<em></em>：加重一个单词（通常是斜体加黑体）
<strong></strong>：加重一个单词（通常是斜体加黑体）
<font size=#></font>：定义字体大小，从 1～7
<font color=#></font>：定义字体的颜色，使用颜色的英文单词或十六进制值代码
<p>：指定一个新的段落
<p align=#>：将段落按左、中、右对齐
 ：插入一个 Enter 换行符
<blockquote></blockquote>：从两边缩进文本
<div align=#>：一个用来排版大块 HTML 段落的标记

3. 链接标记

<a href="URL"></a>：定义一个超链接
<a href="mailto:EMAIL"></a>：定义一个自动发送电子邮件的链接
<a name="NAME"></a>：定义一个位于文档内部的锚
<a href="#NAME"></a>：定义一个指向位于文档内部锚的链接

4. 列表标记

<dl></dl>：定义一个用于解释名词定义的列表
<dt>：放在每个定义术语词之前
<dd>：放在每个解释之前
<ol></ol>：定义一个有序号的列表，<li>：放在每个表项之前，并加上一个序号
<ul></ul>：定义一条无序号的列表，<li>：放在每个表项之前，并加上一个圆点

5. 插入图像和水平线标记

<img src="name">：用来添加图像、指定图像来源的标记
<img src="name" align=#>：按左中右或上中下排列对齐图像的标记
<img src="name" border=#>：定义围绕图像的边框的大小
<hr>：加入一条水平线的标记
<hr size=#>：定义水平线的大小（高度）
<hr width=#>：定义水平线的宽度（百分比或绝对像素点）
<hr noshade>：定义一条没有阴影的水平线

6. 表格标记

<table></table>：创建一个表格的标记
<tr></tr>：定义表格中的一行
<td></td>：定义一行中的一列
<th></th>：定义表头，通常使用黑体居中
<table border=#>：设置围绕表格的边框的宽度

续表

<table cellspacing=＃>：设置表格边框与其内容间的距离

<table width=＃or%>：设置表格的宽度，用绝对像素值或文档总宽度的百分比

<tr align=＃>or<tdalign=＃>：设置表格间距的水平对齐方式（左、中、右）

<td colspan=＃>：设置一个表格单元格应跨占的列数（默认为1）

<td rowspan=＃>：设置一个表格单元格应跨占的行数（默认为1）

<td nowrap>：禁止表格单元格内的内容自动折行的滚动条

7. 框架标记

<frameset></frameset>：定义一个框架文件，使用此标记时不再需要<body></body>标记

<frameset rows="value,value">：定义上下分隔的框架中每个窗口的行数，可以使用绝对像素值或高度的百分比

<frameset cols="value,value">：定义左右分隔的框架中每个窗口的列数，可以使用绝对像素值或宽度的百分比

<frame>：定义一个框架内的一个窗口

：定义在不支持框架的浏览器中显示的框架文档的提示信息

<frame src="URL">：设置框架内显示什么 HTML 文档

<frame name="name">：定义框架中窗口的名字，以便于别的框架和窗口可以指向它

<frame target="name">：定义的该窗口链接的文件显示到的其他目标窗口的名字

<frame margin width=＃>：定义框架或窗口左右边缘的空白大小，必须大于等于1

<frame margin height=＃>：定义框架或窗口上下边缘的空白大小，必须大于等于1

<frame scrolling=VALUE>：设置框架或窗口是否有滚动栏，其值可以是"yes"或"no"，默认时一般为"auto"

<frame noresize>：禁止用户调整框架的大小

8. form 标记

<form method＝get/post action＝url></form>：创建一个表单，它包含多个属性，例如：
method＝get/post，指定提交数据的方式，get 为显示方式，即在浏览器中可看到，而 post 为隐式方式；
action＝指定被调用程序的 url 网址；
enctype＝指定数据传送的 mime 类型；
name＝form 表单名称；
onrest＝按下 rest 键所调用的程序；
onsubmit＝按下 sumit 键所调用的程序；
target＝输出信息的窗口或网页的名称

<select multiple name="name" size=＃></select>：创建一个滚动菜单，size 指定在需要滚动前可以看到的表单项数目

<option>：设置每个表单项的内容

<select name="name"></select>：创建一个下拉菜单

<option>：设置每个菜单项的内容

<textarea name="name" cols=＃ rows=＃></textarea>：创建一个多行多列的文本框区域

<input type="checkbox" name="name">：创建一个复选框

续表

＜input type＝"radio" name＝"name" value＝"x"＞：创建一个单选框
＜input type＝"text" name＝"name" size＝♯ value＝"x"＞：创建一个单行文本框，size 用于设置文本框的宽度
＜input type＝"password" name＝"name" size＝♯ maxlengh＝♯＞：创建一个口令框，输入的数据其他人看不见
＜input type＝"submit" value＝"name"＞：创建一个提交按钮
＜input type＝"reset"＞：创建一个重置按钮
＜input type＝"image" border＝0 name＝"name" src＝"name. gif"＞：创建一个使用图像的提交按钮

附
B
录

JavaScript 常用内置对象

　　JavaScript 是一门基于面向对象思想的脚本语言。它提供了一些非常有用的常用内置对象和方法,对象是由一组数据(JavaScript 称之为属性)和施加在这组数据上的方法组成的。用户来创建这些方法不需要用脚本,可以直接使用 JavaScript 内置对象的属性与方法。调用对象方法和使用对象属性有如下语法格式。

对象名.方法名([参数])

对象名.属性名

例如:

```
< script language = "JavaScript">
document. lastModified                              //使用属性显示上次文档修改的日期
document. write("欢迎你第一次使用 JavaScript")        //使用方法显示文字
var mydate  = "";                                   //定义字符串变量
var myweekday = "";
mydate = new Date();                                //创建日期型对象实例
myweekday = mydate.getDay();                        //使用方法得到当前日期
</script >
```

1. anchor 对象
anchor 对象表示超链接。对于 HTML 文档中每个<a>标记,浏览器都创建一个 anchor 对象。anchor 对象是 document 对象的一个属性。

2. button 对象
button 对象为 HTML 窗体的单个按钮。
(1) 属性
name:按钮元素的名称。
value:按钮元素的值。

（2）方法

click()：单击按钮可以激活事件。

（3）事件处理程序

onClick：确定单击按钮时要执行的 JavaScript 代码。

3. checkbox 对象

checkbox 对象为 HTML 窗体中的单个复选框。

（1）属性

checked：表示复选框元素是否被选中的布尔值。

defaultChecked：表示复选框元素是否为被选中的默认值。

name：复选框元素的名称。

value：复选框元素的值。

（2）方法

click()：单击复选框可以激活事件。

（3）事件处理程序

onClick：确定单击复选框时要执行的 JavaScript 代码。

4. Date 对象

Date 对象提供使用 JavaScript 中的日期和时间的机理。用下面的语法能够建立对象的实例。

```
newObject:Name = new Date(dateInfo)
```

这里的 dateInfo 是一特殊日期的可选规范，它可以是下列形式之一。

"月日年，时：分：秒"；"年，月，日"；"年，月，日，时，分，秒"后两个选项表示整数值。如果没有指定 dateInfo，新对象将表示当前日期和时间。

具体方法如下。

getDate()：用 1～31 的整数返回当前 Date 对象的本月日期。

getDay()：用 0～6 的整数返回当前 Date 对象的星期数（这里 0 是星期日，1 是星期一等）。

getHours()：从当前 Date 对象的时间里用 0～23 的整数返回小时。

getMinutes()：从当前 Date 对象的时间里用 0～59 的整数返回分钟。

getMonth()：用 0～11 的整数返回当前 Date 对象的月份（这里 0 是一月，1 是二月等）。

getSeconds()：从当前 Date 对象的时间中用 0～59 的整数返回秒。

getTime()：用表示起始于 1970 年 1 月 1 日 00：00：00 的毫秒数以整数返回当前 Date 对象的时间。

getTimezoneOffset()：用表示分钟数的整数返回本地时间与 GMT 之间的差别。

getYear()：用表示减去 1900 年的两位整数返回当前 Date 对象的本星期的年。

parse(dateString)：返回 1970 年 1 月 1 日 00：00：00 与 dateString 中指定的日期之间的毫秒数，dateString 应采用如下格式。

Day，DD Mon YYYY HH:MM:SS TZN

Mon DD，YYYY

setDate(dateValue)：为当前 Date 对象设置本月份的日期，dateValue 是 1～31 的整数。

setHours(hoursValue)：为当前 Date 对象的时间设置小时，hoursValue 是 0～23 的整数。

setMinutes(minutesValue)：为当前 Date 对象的时间设置分钟，minutesValue 是 0～59 的整数。

setMonth(monthValue)：为当前 Date 对象设置月份，monthValue 是 0～11 的整数（这里 0 代表 1 月，1 代表 2 月等）。

setSeconds(secondsValue)：为当前 Date 对象的时间设置秒，secondsValue 是 0～59 的整数。

setYear(yearValue)：为当前 Date 对象设置年，yearValue 是大于 1990 的整数。

toGMTString()：以字符串形式返回当前 Date 对象在本地时间中的值，它使用如下形式的 Internet 约定。

Day，DD Mon YYYY HH:MM:SS GMT

toLocaleString()：用本地约定时间返回当前 Date 对象在本地时间中的值。

UTC(yearValue,monthValue,dateValue,hoursValue,MinutesValue,secondsValue)：返回起始于 1970 年 1 月 1 日 00:00:00GMT 的毫秒数，yearValue 是大于 1900 的整数，monthValue 是 0～11 的整数，dateValue 是 1～31 的整数，hoursValue 是 0～23 的整数，minutesValue 和 secondsValue 都是 0～59 的整数，hoursValue，minutesValue 和 secondsValue 是可选项。

例如：

```
function DateDemo()
{
    var d, s = "今天的日期是：";
    d = new Date();
    s += (d.getMonth() + 1) + "/";
    s += d.getDate() + "/";
    s += d.getYear();
    return(s);
}
function GetTimeTest()
{
    var d, s, t;
    var MinMilli = 1000 * 60;
    var HrMilli = MinMilli * 60;
    var DyMilli = HrMilli * 24;
    d = new Date();
    t = d.getTime();
    s = "It's been ";
    s += Math.round(t / DyMilli) + " days since 1/1/70";
    return(s);
}
```

5．document 对象

document 对象显示 JavaScript 中 HTML 文档的特性。

（1）属性

alinkColor：以字符串或十六进制三基色表示的活动链接的颜色。

anchors：按锚在 HTML 文档中出现的顺序排列的锚对象的数组，用 anchors. length 可以得到文档中锚的数量。

bgColor：文档的背景颜色。

cookie：包含当前文档的 cookie 值的字符串值。

fgColor：文档的前景颜色。

forms：以窗体在 HTML 文件中出现的顺序排列的窗体对象的数组，用 forms. length 得到文档中窗体的数量。

lastModified：包含文档最后修改日期的字符串值。

linkColor：作为字符串或十六进制三基色的链接的颜色。

links：以超文本链接在 HTML 文档中出现的次序排列的链接对象的数组，用 links. length 得到文档中链接的数量。

location：包含当前文档的 URL 的字符串。

referrer：包含用户跟随一个链接时调用文档的 URL 的字符串值。

title：包含当前文档标题的字符串。

vlinkColor：作为字符串或十六进制三基色的跟随链接的颜色。

（2）方法

clear()：清除文档窗口。

close()：关闭当前输出流。

open(mimeType)：打开允许 write()和 writeln()方法写到文档窗口的流。mime 是可选的字符串，它确定由 Navigator 或插件支持的文档类型（text/html image/fig 等）。

write()：将文本和 HTML 写入指定的文档。

writeln()：将文本和 HTML 写入指定的文档，后跟一个换行符。

6．form 对象

form 对象显示 HTML 窗体中的 form 对象的属性和方法。

（1）属性

action：确定将窗体数据提交到的 URL 的字符串值。

elements：按在窗体中出现的次序排列的每个窗体元素对象的数组。

encoding：包含在 ENCTYPE 特性中所确定的窗体的 MIME 编码的字符串。

method：包含提交窗体数据到服务器的方法的字符串值。

target：包含窗体提交的响应输入其中的窗口的名字的字符串值。

（2）方法

submit()：提交窗体。

（3）事件处理程序

onSumbmit：用户确定提交窗体时执行的 JavaScript 代码。代码应返回一个真值，以允许提交窗体，假值则会阻止窗体的提交。

7. frame 对象

frame 对象显示框架及窗口的属性和方法。

（1）属性

frames：框架内的每个窗口对象的数组，数组中的框架按其在 HTML 源代码中出现的次序排列。

parent：表示包含框架集的窗口名字的字符串。

self：当前窗口名字的选项。

top：最顶部窗口名字的选项。

（2）方法

alert(message)：弹出一个有显示消息的对话框。

close()：关闭窗口。

confirm(message)：弹出一个有显示消息并带有"OK"和"CANCEL"按钮的对话框，它根据用户单击的按钮返回真或假。

open(url,name,features)：在名字为 name 的窗口里打开一个 URL 文件。如果 name 不存在，会自动建立一个新窗口。features 是可选的字符串变元，是新窗口的特征列表。该特征列表含有如下任意个由逗号分隔、不重复且没有附加空格的参数。

toolbar=[yes,no,1,0]：表示窗口是否应有工具条。

location=[yes,no,1,0]：表示窗口是否应有位置字段。

directories=[yes,no,1,0]：表示窗口是否应有目录按钮。

status=[yes,no,1,0]：表示窗口是否应有状态条。

menubar=[yes,no,1,0]：表示窗口是否应有菜单。

scrollbars=[yes,no,1,0]：表示窗口是否应有滚动条。

resizable=[yes,no,1,0]：表示窗口是否可改变大小。

width=pixels：用像素表示窗口的宽度。

height=pixels：用像素表示窗口的高度。

prompt(message,response)：用 response 的默认值在一个带有文本输入字段的对话框中显示消息。用户在文本输入字段内的响应作为字符串返回。

setTimeout(expression,time)：在 time 之后计算 expression，这里的 time 是以毫秒表示的值。可用下面结构命名超时时间。

```
name = setTimeOut(expression,time)
```

clearTimeout(name)：取消名为 name 的超时。

8. hidden 对象

hidden 对象可以使一个 HTML 窗体中显示的文字隐藏起来。

具体属性如下。

name：隐藏元素的名字。

value：隐藏文本元素的值。

9. history 对象

history 对象允许脚本使用浏览器的历史清单。出于安全和保密的原因,清单的实际内容不会显示出来。

(1) 属性

length：表示历史清单中的项目数目的整数。

(2) 方法

back()：返回到历史清单中的前一个文档。

forward()：前进到历史清单中的下一个文档。

go(location)：进入历史清单中由 location 确定的文档。

location 可以是字符串或整数值。如果是字符串,它表示历史清单中的全部或部分 URL；如果是整数值,location 表示历史清单中的文档的相对位置。location 作为整数时,可以是正整数或负整数。

10. link 对象

link 对象用于设置文档体内的超文本链接。

(1) 属性

target：确定目标窗口或框架的名字。

(2) 事件处理程序

onClick：单击链接时执行的事件。

onMouseOver：当鼠标移动到超文本链接上时执行的 JavaScript 代码。

11. location 对象

location 对象用于显示当前 URL 的有关信息。

具体属性如下。

hash：URL 中的锚名字的字符串值。

host：URL 的主机名以及端口号的字符串值。

hostname：URL 中域名(或数字的 IP 地址)的字符串值。

href：整个 URL 的字符串值。

pathname：URL 路径的字符串值。

port：URL 端口号的字符串值。

protocol：URL 协议的字符串值(包括冒号,但不包括斜线)。

search：传给 GET CGI-BIN 调用的任何信息的字符串值(在问号之后的信息)。

12. Math 对象

Math 对象用于高级数学计算。

(1) 属性

E：Euler 常数值(约为 2.718),用做自然对数的底。

LN10：10 的自然对数值(约为 2.302)。

PI：即圆周率 π,用于计算圆的周长和圆的面积(约为 3.1415)。

SQRT1_2：1/2 的平方根值(约为 0.707)。

SQRT2：2 的平方根值(约为 1.414)。

(2) 方法

abs(number)：返回 number 的绝对值。绝对值是一个数忽略掉其符号后的值,因此 abs(4)和 abs(-4)均返回 4。

acos(number)：返回弧度数的反余弦。

asin(number)：返回弧度数的反正弦。

atan(number)：返回弧度数的反正切。

ceil(number)：返回大于 number 的最接近的整数。

cos(number)：返回 number 的余弦。number 必须用弧度表示。

exp(number)：返回 E 的 number 次幂的值。

floor(number)：返回小于 number 的最接近的整数。

log(number)：返回 number 的自然对数。

max(number1,number2)：返回 number1 和 number2 中较大者。

min(number1,number2)：返回 number1 和 number2 中较小者。

pow(number1,number2)：返回 number1 的 number2 次幂的值。

random()：返回 0～1 之间的随机数。

round(number)：返回最接近 number 的整数。

sin(number)：返回 number 的正弦。number 必须以弧度为单位。

sqrt(number)：返回 number 的平方根。

tan(number)：返回 number 的正切。number 必须以弧度为单位。

13. navigator 对象

navigator 对象用于显示所使用的 Navigator 版本信息。

具体属性如下。

appCodeName：浏览器的代码名。例如,Mozilla。

appName：浏览器的名字。例如,用于 Netscape Navigator 的"Netscape"。

appVersion：浏览器的版本号。

userAgent：在 HTTP 请求中传递的用户代理头的值的字符串。它包括了 appCodeName 和 appVersion 中的所有信息。

14. password 对象

password 对象表示 HTML 窗体中的用户口令字段。

(1) 属性

defaultValue：口令字段的默认值。

name：口令字段的名字。

value：口令字段的具体值。

（2）方法

focus()：在口令字段中设置焦点。

blur()：从口令字段中删除焦点。

select()：在口令字段内选择文本。

15. radio 对象

radio 对象用于设置和显示单选按钮。为访问单个单选按钮，使用起始于 0 的数字下标。例如，在名为 testRadio 的一组单选按钮中，能够用 testRadio(0)、testRadio(1)等来引用每个数组。

（1）属性

checked：表示是否选中指定按钮的布尔值，可用于选定或取消选定一个按钮。

defaultChecked：表示是否用默认值选中指定按钮的布尔值。

length：表示单选按钮组中的单选按钮数目的整数值。

name：单选按钮组的名字。

value：单选按钮组中指定的单选按钮的值。

（2）方法

click()：单击单选按钮。

（3）事件处理程序

onClick：确定单击单选按钮时执行的 JavaScript 代码。

16. reset 对象

reset 对象用于设置和显示复位按钮。

（1）属性

name：复位元素的名字。

value：复位元素的值。

（2）方法

click()：单击复位按钮可以激活事件发生。

（3）事件处理程序

onClick：确定单击复位按钮时执行的 JavaScript 代码。

17. select 对象

select 对象用于设置和显示选择列表。

（1）属性

length：选择列表中选项数目的整数值。

name：选择列表的名称。

selectedIndex：选择列表中当前选中的选项的下标。

option：按出现的顺序设置选择列表中每一个选项的数组。

选项属性有它本身的属性。

defaultSelected：表示选项默认选择的布尔值（反映 SELECTED 特性）。

Index：选项的下标（整数值）。

Length：选择列表中选项的数目的整数值。

Name：选择列表的名称（字符串）。

Options：选择列表的全部 HTML 代码（字符串）。

Selected：表示是否选中选项的布尔值。

SelectedIndex：当前选择中选项的下标（整数值）。

Text：在选择列表中为特定的选项显示的文本（字符串）。

Value：特定选项的值（字符串）。

（2）事件处理程序

onBlur：选择列表失去焦点时执行的 JavaScript 代码。

onFocus：设置选择列表焦点时执行的 JavaScript 代码。

onChange：列表中选中的选项发生变化时执行的 JavaScript 代码。

18. string 对象

string 对象用于设置和显示字符串变量。

（1）属性

length：字符串中字符的数目，即字符串的长度的整数值。

（2）方法

anchor(name)：返回字符串对象的值。

blink()：返回由 BLINK 链接的字符串的值。

19. submit 对象

submit 对象用于设置提交按钮的属性和方法。

（1）属性

name：提交按钮元素的名字。

value：提交按钮元素值的字符串值。

（2）方法

click()：单击提交按钮。

（3）事件处理程序

onClick：用户单击提交按钮时执行的 JavaScript 代码。

20. text 对象

text 对象用于设置和显示文本字段。

（1）属性

defaultValue：文本元素的默认值。

name：文本元素的名字。

value：文本元素的字符串值。

（2）方法

focus()：在文本字段内设置焦点。

blur()：从文本字段中删除焦点。

select()：在文本字段中选择文本。

（3）事件处理程序

onBlur：从字段中删除焦点时执行的 JavaScript 代码。

onChange：改变字段内容时执行的 JavaScript 代码。

onFocus：设置字段焦点时执行的 JavaScript 代码。

onSelect：用户选择字段中的某些或全部文本时执行的 JavaScript 代码。

21. textarea 对象

textarea 对象用于显示和设置多行文本。

（1）属性

defaultValue：文本区域元素的默认值。

name：文本区域元素名。

value：文本区域元素的字符串值。

（2）方法

focus()：在文本区域字段内设置焦点。

blur()：从文本区域字段中删除焦点。

select()：在文本区域字段中选择文本。

（3）事件处理程序

onBlur：从字段中删除焦点时执行的 JavaScript 代码。

onChange：改变字段内容时执行的 JavaScript 代码。

onFocus：设置字段焦点时执行的 JavaScript 代码。

onSelect：用户选择字段中的某些或全部文本时执行的 JavaScript 代码。

22. window 对象

window 对象是每个窗口或框架的顶层对象，并且是文档、位置及历史对象的父对象。

（1）属性

defaultStatus：在状态条中显示的默认值。

frames：窗口中每个框架对象的数组。框架在数组中按它们在 HTML 源代码中出现的次序排列。

length：父窗口中框架的数量（整数值）。

name：窗口或框架的名字。

parent：包含框架集的窗口的名字（字符串）。

self：当前窗口名字的别名。

status：用于在状态条中显示消息——对该属性赋值即可实现。

top：最上层窗口的名字的别名。

window：窗口的名字的别名。

（2）方法

alert(message)：弹出一个有显示消息的对话框。

close()：关闭窗口。

confirm(message)：弹出一个有显示消息并带有"OK"和"CANCEL"按钮的对话框，

它根据用户单击的按钮返回真或假。

open(url,name,features)：在名字为 name 的窗口里打开一个 URL 文件。如果 name 不存在，会自动建立一个新窗口。features 是可选的字符串变元，是新窗口的特征列表。该特征列表含有如下任意个由逗号分隔、不重复且没有附加空格的参数。

toolbar＝[yes,no,1,0]：表示窗口是否应有工具条。

location＝[yes,no,1,0]：表示窗口是否应有位置字段。

directories＝[yes,no,1,0]：表示窗口是否应有目录按钮。

status＝[yes,no,1,0]：表示窗口是否应有状态条。

menubar＝[yes,no,1,0]：表示窗口是否应有菜单。

scrollbars＝[yes,no,1,0]：表示窗口是否应有滚动条。

resizable＝[yes,no,1,0]：表示窗口是否可改变大小。

width＝pixels：用像素表示窗口的宽度。

height＝pixels：用像素表示窗口的高度。

prompt(message,response)：用 response 的默认值在一个带有文本输入字段的对话框中显示消息。用户在文本输入字段内的响应作为字符串返回。

setTimeout(expression,time)：在 time 之后计算 expression，这里的 time 是以毫秒表示的值。可用下面结构命名时间。

```
name = setTimeOut(expression, time)
```

clearTimeout(name)：用名字 name 取消时间暂停。

（3）事件处理程序

onLoad：当窗口或框架完成加载时执行的 JavaScript 代码。

onUnload：当窗口或框架内的文档退出时执行的 JavaScript 代码。

JavaScript 常用内置函数

JavaScript 提供了许多可以直接使用的内置函数。这些函数可分为如下五类：常规函数、数组函数、日期函数、数学函数、字符串函数。

1. 常规函数

JavaScript 常规函数有以下 9 个。

(1) alert：显示一个警告对话框，只包括 OK 按钮。

(2) confirm：显示一个确认对话框，包括 OK、Cancel 按钮。

(3) escape(character)：将字符转换成 Unicode 码。

(4) eval(expression)：计算表达式的结果。例如，eval(2＋8)返回值为 10。

(5) isNaN(value)：计算值看它是否是 NaN，返回一个布尔值。这个函数仅在 UNIX 平台上有效。在该平台上，如果一些函数的变元不是一个数，则返回 NaN。

(6) parseFloat(string)：将字符串转换成符点数字形式。它会一直转换，直到遇到非数字字符为止，然后返回结果。

(7) parseInt(string,base)：将字符串转换成整型数字形式(可指定几进制)。

(8) prompt：显示一个输入对话框，并提示用户等待输入。例如：

```
< script language = "JavaScript">
<! --
alert("输入错误");
prompt("请输入您的姓名","姓名");
confirm("确定否!");
// -->
< script >
```

(9) unescape(string)：根据 string 的 ASCII 编码返回字符。

2. 数组函数

数组函数有以下 4 个。

（1）join：转换并连接数组中的所有元素为一个字符串。例如：

```
function JoinDemo()
{
    var a, b;
    a = new Array(0,1,2,3,4);
    b = a.join("-");      //分隔符
    return(b);            //返回的 b == "0-1-2-3-4"
}
```

（2）length：返回数组的长度。例如：

```
function LengthDemo()
{
    var a, l;
    a = new Array(0,1,2,3,4);
    l = a.length;
    return(l);   //l == 5
}
```

（3）reverse：将数组元素的顺序颠倒。例如：

```
function ReverseDemo()
{
    var a, l;
    a = new Array(0,1,2,3,4);
    l = a.reverse();
    return(l);   //l == (4,3,2,1,0)
}
```

（4）sort：将数组元素重新排序。例如：

```
function SortDemo()
{
    var a, l;
    a = new Array("X","y","d","Z","v","m","r");
    l = a.sort();
    return(l);
}
```

3. 日期函数

JavaScript 的日期函数其实就是 Date 对象。它包括属性和函数（或称方法）两个
部分。

4. 数学函数

JavaScript 的数学函数其实就是 Math 对象。它包括属性和函数（或称方法）两个

部分。

5. 字符串函数

JavaScript 的字符串函数用于设置字符串的字体大小、颜色、长度和查找，共包括以下 20 个函数。

（1）anchor：为超级链接产生一个链接点（anchor）。anchor 函数设定链接点的名称，而另一个函数 link 设定 URL 地址。

（2）big：将字体加大一号。

（3）blink：使字符串闪烁。

（4）bold：使字体加粗。

（5）charAt：返回字符串中指定的某个字符。

（6）fixed：将字体设定为固定宽度。

（7）fontcolor：设定字体颜色。

（8）fontsize：设定字体大小。

（9）indexOf：返回字符串中某个指定符串值首次被查找到的下标 index，从左边开始查找。

（10）italics：将字体设定为斜体。

（11）lastIndexOf：返回字符串中某个指定字符串值首次被查找到的下标 index，从右边开始查找。

（12）length：返回字符串的长度。

（13）link：产生一个超级链接，相当于设定的 URL 地址。

（14）small：将字体减小一号。

（15）strike：在文本的中间加一条横线。

（16）sub：将字符串设定为下标字（subscript）。

（17）substring：返回字符串中指定的几个字符。

（18）sup：将字符串设定为上标字（superscript）。

（19）toLowerCase：将字符串转换为小写。

（20）toUpperCase：将字符串转换为大写。

参 考 文 献

1. 张后扬,邵丽萍.Java 2 程序设计基础.北京：清华大学出版社,2008.8
2. 邵丽萍,邵光亚.Java 语言程序设计(第 3 版).北京：清华大学出版社,2008.8
3. 邵丽萍,张后扬.网站编程技术实用技术(第 2 版).北京：清华大学出版社,2009.5
4. 王晓悦.精通 Java——JDK、数据库系统开发、Web 开发.北京：人民邮电出版社,2007.2
5. 叶核亚,陈立.Java 2 程序设计实用教程.北京：电子工业出版社,2003.5